华景时代
Mandarin panorama

北京华景时代文化传媒有限公司 出品

不内耗

阿德勒自我超越之书

[奥] 阿尔弗雷德·阿德勒　著
林一舟　编译

江苏凤凰文艺出版社
JIANGSU PHOENIX LITERATURE AND ART PUBLISHING

图书在版编目（CIP）数据

不内耗 ：阿德勒自我超越之书 / （奥）阿尔弗雷德·阿德勒著 ；林一舟编译. -- 南京 ：江苏凤凰文艺出版社，2025. 7. -- ISBN 978-7-5594-9793-2

Ⅰ. B84-49

中国国家版本馆 CIP 数据核字第 2025HU0883 号

不内耗：阿德勒自我超越之书

［奥］阿尔弗雷德·阿德勒 著　林一舟 编译

责任编辑　项雷达

封面设计　末末美书

版式设计　宋海峰

责任印制　杨　丹

出版发行　江苏凤凰文艺出版社

南京市中央路 165 号，邮编：210009

网　　址　http://www.jswenyi.com

印　　刷　北京文昌阁彩色印刷有限责任公司

开　　本　880mm × 1230mm　1/32

印　　张　8.25

字　　数　128 千字

版　　次　2025 年 7 月第 1 版

印　　次　2025 年 7 月第 1 次印刷

书　　号　ISBN 978-7-5594-9793-2

定　　价　49.80 元

目录

Contents

第三章 告别“反复怀疑自己”的内耗人生

——用行动打破质疑，让自信自然生长

第四章 逃避、焦虑、社恐，其实都是内耗

——学会与现实合作，而不是内心拉扯

第五章 别让“本能与执念”拖垮你的潜能

——从生存驱动转向目标驱动

第六章 别让孩子成为“从小内耗体质”

——理解比控制更重要

第七章 别让“职场内耗”耗尽你的人生

——从比较、焦虑到专注、合作

第八章 为什么越聪明的人越容易内耗

——专注当下，别死磕完美

第一章

别被“活着就该如何”内耗

——把人生目标从“取悦他人”转向“接纳自己”

01

活着的意义，就是做自己

许多人在日常生活的忙碌中感到迷茫、无助，在这样的过程中，他们逐渐失去了对生活的热情，也迷失了自己的目标。面对这样的困惑，他们开始反思：“我们活着到底是为了什么？”“生命究竟有什么意义？”

如果你也曾思考过这样的问题，那么，这意味着你已经踏上了自我成长的道路。这既是一种觉醒，也是一种机遇，意味着你正在开启一段全新的生命旅程，迈出了超越自我的关键一步。

人的一生中必然伴随着丰富的经历，这些经历或平淡或曲折，它们究竟会使我们的生活趋于完整，还是陷入混乱？这个答案并不取决于他人的言论，而在于我们自身的感悟。

要深刻理解生命的意义，首先应审视个人的日常行为。必须认识到，一个人的行为举止往往比言语更能反映他内心的真实想法。这一原则，无论是在自我反思还是在了解他人时，都具有普遍的适用性。我们不能仅仅听信他人之言，而应深入观察细节，这样才能找到问题的真正答案。因为正是这些细节，决定了事物的发展方向。

从出生的那一刻起，每个人的人生轨迹便已呈现出多样性，生命也随之呈现出丰富多样的意义。然而，有人轻易断言“生命无意义”，而另一些人则将自身的重要性无限夸大，这两种极端的认知，都是对生命意义的理解偏差。生命的意义，从来不是“有”与“无”的简单对立，而在于你如何生活。仅仅是你的“存在”，其实便已赋予生命以意义。

在我看来，那些在有限生命中活得充实而自洽的人，往往具备某种共性：他们懂得如何做自己，能够在人际交往中展现出高超的交际艺术，而不是盲目追随外界的评价标准。

我们在讨论“生命的意义”时，有一条准则尤为重要：世间万物，唯有与人发生联系并对其产生影响时，才具有现实意义上的价值。如果它仅仅是存在，却与我们的生活、社会毫无关联，那就只是无意义的空壳。

也就是说，我们如果想让自己的生命变得有意义，最重要的是与他人、与社会建立起真实的联系。

为了更好地理解这一点，我们必须先认清三个基本事实。这三点，是人类自古以来都必须面对的基本现实，它们紧密交织在一起，影响着我们对生命意义的理解，进而决定着我们在面对问题时的态度。

第一个事实是人类共同生活在地球上，而地球的资源有限且不可再生。我们每一个人的生活都与这片土地紧密相连。自人类诞生以来，便始终受到自然规律的制约，与其他生物一样，都需要为了生存而不懈努力。为了确保生命的延续，我们不得不持续探索可利用的资源，不断优化我们的生活方式，以适应这个充满挑战的环境。尽管时代变迁，科学进步，但人类与自然和谐共生、与资源博弈周旋的现实，至今未曾改变。

第二个事实是人类是群居动物，具有强烈的社会需求。无论个人能力如何强大，都无法脱离群体独自生存。人类的进步，正是建立在分工协作与目标合作的基础之上。城市的建筑、日常的用品、流传的思想，都是人类共同劳动的智慧结晶。幸福的人生，离不开与他人的紧密联系。没有人能够独自面对所有的困境，唯有彼此扶持，方能共创美好生活的壮丽篇章。

第三个事实是人类具有性别差异。这种生理属性的不同不仅是构成个体特质的基础，更在深层次上影响着情感联结模式、婚姻关系构建与家庭责任分工。不同的人对待两性关系的态度，也反映了其对生活价值的理解和追求。有的人追求细水长流的稳定幸福，有的人则偏爱炽热激烈的浪漫体验。这些差异并无对错，都是个人价值观的自然体现。

这三大事实，涉及人生的三大核心领域：职业、社交、两性关系。我们如何认识并应对这三方面的问题，便构成了我们对生命意义的实际诠释。

我在实践中观察到，对于在职业与两性关系上都面临挑战的人，特别是其中那些性格孤僻、恐惧社交的人来说，他们的生活似乎陷入了一种难以摆脱的困境。他们往往为了自保而耗尽心力，一生极力避免来自外界的潜在伤害。反之，那些善于与人交往、乐于合作的人，不论遭遇何种困境，总能凭借与他人的联结，找到应对之道。他们将工作视为实现自我价值的舞台，将家庭视为温暖的港湾，将友谊视为滋养生命的源泉。在他们身上，生命的意义被不断升华，甚至超越了个体的界限，扩展至社会与后人。

在衡量人生意义时，如果仅以“个人”或“社会”作为唯一评判标准，显然不够全面。那些陷于自卑、缺乏集体归属感的人，往往因过往创伤，难以建立起与他人的真实联结。因此，他们的眼光往往局限于个人层面，认为人生是一场孤独的挣扎。这并不是他们道德上的懈怠，而是缺乏社会交往兴趣与能力的表现。

而那些始终怀抱积极心态、勇于承担社会责任的人，他们之所以能够不断前行，正是因为他们的眼界超越了个人利益，将“与人为善”视为生命的应有之义。成功，对他们来说，并非遥不可及的幻想，而是可以通过一步步脚踏实地的努力，终将抵达的彼岸。

纵观历史长河，那些成就卓著的杰出人物，无不秉承着这样的精神。艾萨克·牛顿（Isaac Newton）的划时代发现、查尔斯·罗伯特·达尔文（Charles Robert Darwin）的科学理论、玛丽·居里（Marie Curie，居里夫人）的研究成果……他们之所以名垂青史，正是因为他们将个人的才能，无私奉献给了全人类福祉的建设与发展。

因此，我们要始终坚信：人的存在，本身便是生命的意义。我们作为社会群体的一员，被赋予了联结他人、建设社会的能力。生命的意义，不在远方、高处，而在我们与他人、与世界建立联结的每一次努力之中。

这种意义，永远不应被狭隘的“自我”所局限。

02

别再为“成长的目的”而自我折磨

个人成长是一个持续的过程，它不仅关乎知识与技能的积累，也包括思想、行为与人格的逐步完善。通过多年的实践，我深刻认识到成长对个人发展的重要意义。然而，许多人却错误地将成长视为一种满足他人期望的手段，甚至因此而陷入无休止的自我消耗。

在飞速变化的时代背景下，社会环境日新月异，竞争愈发激烈。如果缺乏主动学习与自我提升的意愿，一个人将难以在快速变化的社会中立足。因此，成长不仅是一种自我需求的体现，更是适应社会、实现人生价值的必由之路。

成长也有助于促进人际关系的和谐。人与人之间的相处，离不开相互理解与沟通。只有通过不断提升自我，才能在错综复杂的关系网络中游刃有余。与此同时，成长也是维护心理健康的重要保障。人们需要以坚韧与乐观的心态，应对生活中的挑战与困难，而这种心态，正是在不断成长中逐渐养成的。

然而，我始终认为，个人成长的意义，也不仅仅局限于

“自我完善”。如果一个人仅以此为目标，成长便很容易沦为自我封闭的循环。真正的成长，应当是“与世界共好”，是个人能力与社会贡献的有机结合。

我曾听过这样一个故事。某位宗教领袖宣称，世界将在周三迎来末日。信徒们闻讯，或变卖家产肆意挥霍，或四处宣扬末日将至，人人自危。然而，所谓的“末日”并未如期而至。当愤怒的信徒质问他时，他却轻描淡写地回应：“这是我的周三，与你们无关。”他以追求个人意义为名，实际上却误导了他人，最终落得自欺欺人的下场。

这个故事虽然荒谬，却揭示了一个深刻的道理：个人的意义如果脱离了社会的认可，便难以获得广泛认同。成长亦然。如果个人成长仅为取悦自身、逃避现实，而不是服务于他人、贡献于社会，他的个人成长终将沦为空洞的谎言。

那么，什么才是真正的成长目标？在我看来，成长若能与公共意义结合，往往更有价值。当然，这不是要求每个人都必须成为伟人，而是说一个人应当以自己的力量，为集体、为他人带来积极的影响和贡献。

同样地，天才之所以被称为“天才”，也符合两大标准：其一，个人的重要性得到全社会的广泛认可；其二，他在某一领域做出了独特且深远的贡献。以牛顿为例，他的名字之所以被世人铭记，正是因为他对物理学、数学与光学做出的卓越贡献。这种贡献，已经超越了他个人成就的范畴，成为奠定人类文明的重要基石。

然而，需要明确的是，对生命意义的追寻并不等同于职业目标的设定。有些人将“成为首富”视作人生的最高追求，但这样的目标往往只是个人欲望的投射，不是真正意义上的成长，更不是对生命意义的追寻、探索。只有当个人成长建立在“与他人共享、与社会共进”的基础上，才能实现生命的真正意义。

经过我多年的观察发现，那些真正实现自我超越的人，往往具备强烈的社会兴趣。他们关心他人，善于合作，懂得以最适当的方式解决生活中的问题。利他精神，并非虚无缥缈的道德标榜，而是一种源于个体社会属性的自然表现。

遗憾的是，能真正将这种理念付诸实践的人，终归是少数。大多数人从未认真思考过“生命的意义”这一命题，也难以理解利他主义的真正价值。有人质疑：“难道人生的意义仅在于牺牲与奉献吗？”他们之所以会发出这样的疑问，实则反映了这些人对个人利益的固守。

我并不否认，“利己”是人性中很难磨灭的一部分。然而，若一味执着于自身利益，便难免陷入自我消耗的泥潭。相反，利他主义并不意味着舍弃自我，而是在帮助他人的过程中，反哺自身的成长。

婚姻、家庭、友谊，都是利他精神的具体体现。在两性关系中，真正成熟的人，会将“如何让彼此生活得更好”作为目标，而非单方面索取。这种由内而外的成长，既能滋养个人，也能促进双方关系的良性循环。

尽管利他主义者为数不多，但我始终相信，这种态度是通往幸福与成功的重要路径。那些具备社会兴趣、善于与人合作的人，往往能在自我实现的同时，获得由衷的满足与平静。反之，固守自我的人，则常常因为恐惧失去既得利益，而拒绝与他人建立真正的联结，最终陷入孤立无援的心理困境，在患得患失中错失生命本应有的丰盈与完整。

归根结底，生命的意义，往往体现在超越自我、融入社会的过程中。这既是人类作为群居动物的本性使然，也是人们摆脱内耗、实现成长的必由之路。

心理学的价值，便在于帮助人们厘清这一点。通过理解自身与他人的关系，人们才能在纷繁复杂的现实中，找到属于自己的方向，走向更为丰盈的人生。

03

别让“角色”困住你的人生

相较于老虎、狮子、猎豹、大象等猛兽，人的个体力量既渺小又脆弱。我们既没有强壮的躯体，也没有锐利的牙齿，如果置身荒野，单打独斗难以生存。正因如此，人类自古便倾向于群居，以互助协作为生存之本。

在群体合作的基础上，人类持续发展，通过创造和使用工具弥补身体上的不足，逐步形成了复杂的社会结构。这也意味着，人类对生存条件的要求远高于其他动物。人类只有融入集体，实现协作共生，才能享有稳定与富足的生活。

然而，仅仅融入社会，仍不足以确保个体的长久生存。人类社会得以延续的根本在于分工合作。如果没有分工，社会将陷入混乱，文明进步也会受阻。

分工合作不仅是社会运行的基础，更是一个人实现自我价值的途径。就像抚育孩子需要投入大量精力，个人也需要在社会中不断付出，才能获得成长所需的资源和支持。这种协作精神，贯穿于人类社会的方方面面。

为了保障繁衍与发展的稳定，人们必须不断优化社会环境，完善社会基础设施。尽管这些问题看似宏大，实则与每个人息息相关。无论是交通拥堵、环境污染，抑或资源分配，这些看似庞杂的议题，都源于社会生活规律的运作。

然而，一个人想要逆转社会运行的惯性，并非易事。社会本身是由无数个体构成的复杂系统，变化多端，难以凭一己之力撼动。因此，我始终主张，一个人如果想要在社会中获得立足之地，首先便要认清并尊重社会生活规律。

这并非消极的妥协，而是理性的抉择。正如河流顺势而下，一个人也应当顺应社会的大势，在其中寻得自身的位置。只有这样，才能在有限的资源与无限的需求之间，找到平衡的路径。

譬如，一个小镇因为街道狭窄而常年交通拥堵，人们想要改善现状，就需要遵循交通规划的基本原则，合理安排道路与信号系统，而不是一味抱怨或寄望于奇迹发生。通过群体协作，科学分析，他们才能逐步缓解困境，提升生活品质。

同理，一个人面对社会问题时，也应该抱持务实态度，自我调整，突破自身局限，避免盲目抗拒或逃避现实。只有这样，个人在波谲云诡的社会环境中，才能立于不败之地。

当然，人们在面对经济压力与环境挑战时，产生焦虑和迷茫是可以理解的。然而，如果任由焦虑情绪主导决策，反而容易导致误判。人类历史上不乏急于求成的例子，他们选择了看似便捷却暗藏险阻的道路，最终导致事与愿违的后果。

但是，犯错并不等于失败，正如游戏中的每一次挑战，都是锤炼心智的机会。只有在实践中不断调整、反思，人们才能逐步趋近理想状态。这正是成长的真谛所在。

因此，我始终强调，社会并非敌人，生活也无意为难你，困住你的，往往是你对自身角色的误解与执念。如果能认清这一点，便能卸下沉重的心理枷锁，将被动的“适应”转化为主动的“融入”。

人生的舞台之上，“角色”固然重要，但在“角色”之外，你仍是那个拥有选择与改变能力的“我”。

社会之网繁复交织，但你的心灵，理应自由。

自古以来，人们不断追问：“生命对我来说意味着什么？”“生活又是如何影响我的？”这些问题看似宏大，其实存在于每个人的日常生活体验之中。

婴儿从呱呱坠地的那一刻起，对世界的探索便悄然开始。他们通过踢腿、伸手、啼哭，去感知世界的回应，同时也在无形中评估自身的力量与影响。这些早期的尝试，便是一个人以自身视角探索世界、建立自我认知的起点。正是这些微小的动作，逐步塑造了一个人面对困难时的态度与自信心。

当孩子成长至四五岁时，他们已初步形成一定的思维模式与行为习惯。尽管这些认知未必正确，却在相当长的时间内，会影响着他们的行为选择。

此时的他们，通过模仿和试错，根据自身的理解，形成了独特的行为模式。哪怕只是与小伙伴争抢一个玩具，他们也会用自己的方式去应对。这些看似微不足道的互动，正是孩子逐步建立自我认知、锤炼解决问题能力的过程。

然而，我们每个人的认知，并非绝对客观。正如我常强调的那样，我们的经验制造了我们看待世界的“眼镜”。这些“眼镜”并不总是精准无误，它们可能因成长经历、情感创伤、社会暗示等因素而产生偏差。尽管如此，大多数人仍固守这副“眼镜”，即便它早已让自己走了不少弯路。

要修正这种偏差，我们需要回到“个体选择”的层面。我们之所以会产生错误的认知，往往有三个原因：其一，自身能力的局限；其二，成长过程中受到的溺爱或忽视；其三，对生活中某些重要事物的误解或逃避。

例如，两个童年经历相同的孩子，长大后也可能走向截然不同的道路。一个人或许会立志改变现状，以“不能让我的孩子重蹈覆辙”为动力，不懈奋斗；而另一个人却可能因屡遭挫折，陷入“世界本就不公，何必再挣扎”的消极情绪。这种差异，恰恰反映了个人选择的重要性。

我始终强调某种行为的形成，并非单纯由经历决定，而是取决于我们如何解读这些经历，以及由此确立的人生目标。人的天性，倾向于从过往经历中探寻未来的答案，然而，这种基于经验的推测，往往更像是一种“自我设限”。

更糟的是，那些曾被过度溺爱的孩子，常常误以为“世界应当围绕我转动”。他们习惯于将个人需求置于首位，一旦现实未能满足他们的期待，便产生愤怒与挫败感。相反，那些被忽视的孩子，则可能缺乏基本的信任感，视世界为冷漠、敌对的环境，甚至不相信爱与合作的存在。

溺爱与忽视，虽然表现形式迥异，本质上却殊途同归——它们都可能导致孩子误解“我与世界”的关系。一个被过度溺爱的孩子，终其一生可能都在追求对他人的支配地位；一个被忽视的孩子，则可能一味逃避，拒绝与世界建立真实的联结。

在我的临床经验中，帮助这些人“重新认识生活”，正是个体心理学的重要使命。我们要做的，不是否定他们的过去，而是引导他们看到他们所认为的“现实”，其实是被他们佩戴的“眼镜”所扭曲。只有当他们摘下这副有偏差的“眼镜”时，才有机会看清生活的本来面目。

个体心理学从不回避“局限”这一话题，我始终认为，局限并非桎梏。即便身体存在缺陷或历经磨难，一个人依然可以超越自我，创造出有意义的人生。真正决定命运的，从来不是外在条件，而是一个人的生活态度与选择。

然而，这并非易事。尤其是那些自幼被溺爱、缺乏独立性的人，他们习惯了依赖与索取，从未真正学习该如何承担责任。面对挑战时，他们往往选择逃避；遇到不顺时，则倾向于将责任归咎于他人或社会。

这种错误的生活态度，会使他们将“支配他人”误认为是自我价值的体现。一旦失去这种支配感，他们便会陷入强烈的挫败感与愤怒之中，甚至不惜采取破坏性行为，以换取短暂的心理平衡。

反之，那些在被忽视中长大的人，则常常以冷漠、自闭作为防御机制。他们不相信他人，更不相信自己。缺乏信任感，使他们难以建立稳定的人际关系，生活于他们而言，不过是无休止的挣扎与防御。

面对这些问题，家庭的引导作用显得尤为关键。特别是母亲，她们在孩子成长过程中承担着不可替代的作用。如果母亲没有与孩子建立起牢固的信任关系，孩子往往难以发展出对他人和社会的积极兴趣。信任的种子若未曾在心中扎根，合作精神、共情能力、关爱情怀，皆无从谈起。

生活的影响，既来自外在环境的塑造，也源于个体选择的回应。成长经历固然重要，但它绝不是不可逾越的“宿命”。我们无法改变已经过去的陈旧经历，但我们始终拥有选择未来的能力。正如我所言，我们并非被过去决定，而是被我们赋予过去的意义所决定。

因此，生活不会主动为难你。真正困住你的，往往是你自己的那副早已失真的“眼镜”。若能勇敢摘下偏见的“眼镜”，重塑对生命意义的认知，人生的格局也会随之改变。

不内耗小锦囊

◆ 为什么你会内耗?

因为你总是想着“别人怎么看我”“我是不是活得不够有价值”，却忽略了，活着本身就是意义。你一出生，就已经被这个世界接纳了，不需要再用别人的标准去证明什么。

◆ 阿德勒告诉你:

别盲目攀比，人生各有精彩

人和人本来就不一样，意义也没有标准答案。总盯着别人走哪条路，你只会越活越拧巴。

◆ 你的生命拼图由什么组成?

人生就像一幅拼图，关键要看三块拼板是否完整：养活自己的本事（工作）、能说心里话的人（社交）、让你心安的家（爱与家庭）。

如果你总是绕着自己打转，不肯和世界建立联结，内耗便会悄然侵袭。

生命的意义不是“我多成功”，而是“我们都在变好”

那些真正活得充实的人，不是靠比别人强才幸福，而是因为他们愿意和世界、和人建立良性的关系。

反内耗行动清单：

√ 遇事别先想“别人怎么看”，先问自己：“这件事对我、对身边人、对社会有什么影响？”

√ 停止“有没有意义”的自我怀疑，把注意力转向“这件小事能不能帮到别人”。

√ 把“我应该怎样”换成“我想怎样”，别被角色标签困住。

√ 每天做一件有联结感的小事，哪怕只是和人聊两句真心话，都能体现“活着的意义”。

记住这句话：

生活不会为难你，为难你的，是你总想活成别人期待的样子。

第二章

如何摆脱“想太多”的自我折磨

——安全感，靠行动，不靠想象

01

世界不会消耗你，是你在消耗自己

自人类诞生以来，我们便不断探索世界如何影响自身。当人类学会直立行走时，便开始察觉自己与其他动物的不同，心中随之萌生出“主宰世界”的愿望。为了实现这一愿望，了解世界能为自己提供何种价值，成为必然的选择。

然而，随着人类社会的发展和思考的深入，越来越多的人意识到，世界本身并不复杂，真正复杂的是人类自身对世界的认知。每个人都生活在自己的主观世界中，而这种认知的形成，深受个人成长经历、信仰、价值观与人生目标的影响。因此，即使面对同样的世界，不同的人也会有截然不同的理解与感受。

我认为，世界对我们的影响，源于我们自身的认知与理解，这便是所谓的“世界观”。一旦世界观形成，便成为我们观察世界、理解世界运作方式的重要基础。人们总习惯性地以自身经历为参照，将自己所认知的模样投射到整个世界之上。

这听来或许不可思议，但事实确实如此。一个笃信科学的人，自然相信世界遵循着客观规律运作，科学经验足以解释自然与社会的诸多现象。他们将世界视作自发演化的物质体系，认为人类既是其中一部分，也具备通过自身努力改变世界的能力。一位宗教信徒则遵循着“神的意志”，遵循着“神的法则”在这个世界中生活。

在我看来，人类与世界的关系，从来都是相互依存、彼此影响的。世界塑造了我们的思想与行为，而我们的认知与行动，同样推动着世界的发展与变化。二者交织，密不可分。

一个人的成长经历塑造了他独特的世界观，这种世界观会持续影响他的一生。即便在遭遇认知偏差、经历痛苦与挫折之后，大多数人依然会固守原有的信念。这是因为，世界观不仅仅是一个人对世界的认知和理解，更是心灵深处的安全感与归属感所在。

一个人的世界观要想改变，并非易事。他只有通过与世界建立新的联结，获得全新的认知与体验，才能突破固有的思维局限，重新审视世界，从而迈向更广阔的认知共识。

世界观也深刻影响着人们对自然环境的态度。有些人主张保护自然，认为人们对自然的破坏终将引发反噬，如气候变化、自然灾害等。而另一些人则认为，人们应该不断探索与开发自然，直至彻底理解自然的本质。这两种观点，都源于不同的世界观。

我曾见过这样的一个人，他将自己关在房间里，日复一日地思索着如何改变世界，如何让世界变得更加美好。可是，如果他不付诸行动，那么再美妙的思想也不过是空谈。人的行为，是随着其人生目标的调整而不断变化的。一个人将走向何方，取决于他如何与世界建立联系。

如果一个人长期缺乏与世界的互动，那么世界对他的意义也会逐渐模糊。人与世界的关系，虽然是客观存在的，却需要个体赋予其主观意义。而这种意义，唯有通过行动才能验证。

世界对我们的影响，往往通过我们的感受与经验。譬如，一个在幼年时期经历过地震的人，或许会因此认为世界充满不确定性，人们在自然面前显得无比渺小。然而，事实却是，人们可以通过科技进步，提升对自然的认知，预测灾害、降低风险，逐步增强对世界的掌控力。必须明确的是，这种掌控力来源于对自然规律的理解，同时也受到时代技术条件的限制。

因此，世界的“可控性”并非单纯取决于世界本身或个人的主观意愿，而在于人们能否基于规律认知，开展集体实践。这正是人类在历史进程中不断解放自身的关键路径。

在远古时代，自然界对人们而言，宛如一个庞然大物，它被视为一种神圣的存在。面对自然灾害和环境的不断变化，人们在无助之中，唯有寄希望于神明，借由神话与宗教，寻求对世界的解释与对自身心灵的安慰。

随着人口增长与认知水平的提高，人们逐步总结出自然界的运行规律。自此，祭祀与祈祷虽依然盛行，但人们开始以经验与理性并行的方式理解世界。这一阶段，不仅标志着信仰体系的逐步成熟，更是人类智力迅速发展的重要时期。

随着对自身心理变化原因的探索，人们的认知水平不断提升，并在此过程中逐渐塑造了自我意识。然而，认知水平的高低，终究受制于个人成长环境与主观努力。即便身处相同环境，不同个体的理解与感知仍会有较大的差异。

那些具备敏锐思维与更高认知能力的人，往往能在群体中脱颖而出，成为领导者或科学家。他们引领着人类不断探索世界的奥秘，突破地理与认知的界限，推动了文明的发展。

随着航海技术的问世，人们终于具备了深入探索世界的能力。不同气候条件塑造了各地区人们的生活习性，人们开始意识到，尽管自己无法改变气候本身，却可以通过占有与交换资源来改善自身处境。自此，资源争夺与领地意识应运而生，人们不再满足于内部竞争，而是将目光投向更广阔的世界，开启了漫长的资源争夺战。

随着工业革命的兴起，机械制造得到空前发展，极大地提高了人类的智慧水平与追求。然而，战争与破坏也随之而来。直至科学认知水平的显著提升，人们才逐渐意识到“平衡”对于世界秩序的重要性。随着健康问题突出、地缘冲突加剧和资源日益紧张，全球化趋势不断深化，用合作取代竞争，成为人类文明持续发展的关键路径。

当人们的意识逐渐统一，世界仿佛进入了某种“恢复期”。各地统治者开始有意重建社会秩序，群体对生存环境的关注愈发强烈。当资源变得愈发珍贵，人们既形成了保护特定领域的意识，也发展出独特的社群文化，这两股力量共同支撑着当代社会的进步。

回顾历史，自然灾害对人们造成的直接伤害最为显著。如何应对自然灾害，始终是人类科学研究的重要领域。而在我看来，世界本身并无善恶之分，它既不会主动善待人类，也不会刻意为难任何个体。

世界是否给人类带来困扰，关键在于人们如何认知它以及据此做出的应对选择。世界是无意识的，而人们却具备自主意识，可以依据目标引导自身行为。

因此，人们对世界的期待，归根结底，也是对自身的期待。

02

不被焦虑吞噬，人生观是你的“避风港”

大多数人并没有意识到，人生其实没有所谓的“标准答案”。我们每一天的选择，都是在用行动体现自己对生命意义的独特理解。这种理解，就是我们所说的“人生观”，也就是说，你怎么看待生活，你的生活就会以相应的方式回馈你。

很多人把不顺心的事归咎于“命不好”“别人都比我强”，但事实是，你现在的处境，大多是你过往选择的结果。人生观不同，选择也会不同，进而影响了各自道路的走向。

举个简单的例子，一块石头对有些人来说毫无意义，但在另一些人的手里，它能垒成房子、铺成道路，甚至雕刻成艺术品。石头的“意义”，从来不是它自己决定的，而是用它的人赋予的。同样，人生也是如此。

不内耗的第一步，就是别总想着“人生该是什么样”，而是问问自己：“我能用手里的这块石头，做点什么？”别让他人的人生观成为束缚自己人生的枷锁。

很多人喜欢在心里反复纠结：“要不要换工作”“要不要追

那个人”“要不要做这件事”。然而，结果往往是深思熟虑后仍无实际行动，究其原因就在于这些人害怕犯错，害怕被否定，害怕和别人不一样。

可是，所有成功的人，都是在行动中不断修正自己的人生观，而不是坐等“想通了”才行动。哲学家们可以一辈子坐在书房里思考“什么是生命的意义”，但普通人活在现实里，生命的意义在于实践，而非单纯的思考。

人生观不是天生的，也不是别人灌输的，而是靠我们自己一天天活出来的。想清楚这一点，我们就不会为“别人怎么看”而内耗，也不会因为暂时的失败就怀疑自己。

我们每个人都有自己的“人生坐标系”。别人的人生观，只能作为参考，不能成为我们人生的“预设剧本”。那些热衷于给我们各种忠告的人，往往是试图用他们的经验影响我们的选择。然而，千万别忘了——他们的人生环境、成长经历、能力边界，和我们是完全不一样的。

例如，一位因贫穷错失爱情的人，会告诉我们“先赚钱再谈恋爱”；一个习惯逃避的人，会劝我们“别表白，免得受伤”。可这些建议真的适合你吗？恐怕未必。

不内耗的关键在于不被别人的“剧本”绑架。别人的人生观是别人的，我们要学会审视、思考、筛选，并最终建立起属于自己的“人生坐标系”。

积极，不是假装乐观，而是学会用更高效的方式去面对现实的问题。

当我们面对困难时，不是急于抱怨“为什么是我”，而是冷静地问自己：“我能做点什么让情况变好？”这就是阿德勒所倡导的“以行动改变认知”。越是行动的人，越不会陷在内耗的泥潭里。

比如，一个人讨厌现在的工作，但又没有离开的勇气。那么，他应该做的是去提升自己、寻找新的机会，而不是每天躲在情绪里自怨自艾。当一个人越在行动中去解决问题，就越能摆脱内耗。

很多人误以为，财富自由、时间充裕并获得社会认可以后，幸福自然会来。但事实是，幸福来源于你当下的选择与不懈努力，它从来不在未来，也不靠外界赐予，而是源自你对自己人生观的掌控。

你可以选择抱怨、逃避，也可以选择行动、成长。前者是内耗，后者才是真正的自我超越。

所以，别再耗着了，从现在开始，做一个对自己人生负责的人。

03

成长环境塑造了你，但选择权还在你手里

在我看来，正如树木的千姿百态，人的性格也因成长环境的不同而呈现多样性，有的如深谷青松般沉静内敛，有的似绝壁苍柏般坚韧果敢。同理，人的性格也是这样，在名为“成长”的土壤里，被一点点塑造出来。

幼年时期，我们用尚未成熟的大脑和心理，去回应外界的刺激。环境给予我们的反馈，慢慢被内化成“对与错”的标准。于是，一个人怎么看待自己、他人和世界，便由此成形。

当行为模式逐渐固化，人们往往陷入“本性难移”的认知误区。那些脱口而出的“我就是这样的人”，实则是长期认知偏差的叠加效应——犹如为应对心理冲突而锻造的铠甲，虽能提供短暂庇护，却也在无形中禁锢了自我成长的可能性。

根据多年研究，人们的性格类别可以大体被归纳成四种：支配型、索取型、回避型、社会利益型。这四种分类，并非命运的判决书，而是我们面对世界时的思维惯性。

支配型性格的人总是用控制他人来掩盖自卑。

当一个人总想支配别人时，往往是因为内心深处不够自信。他害怕自己的价值被忽视，于是以强硬的姿态掌控一切。比如社交场合中，总有人喜欢指挥别人做这做那，享受支配的快感。这种性格，归根结底，是“通过他人的屈从，来缓解自己内心不安”而形成的。支配别人，成了他与内耗对抗的拙劣手段。

索取型性格的人总是因为内心的匮乏而向外抓取。

索取型性格的人，表面看是自私，其实是缺爱。他们从小在“需要索要才能获得回应”的环境里长大，学会了向别人索要关注与认可。可悲的是，他们往往越是索取，内心越是空虚，仿佛怎么都填不满。这种人最容易陷入内耗，总觉得别人欠自己，总是无法真正满足。

回避型性格的人看似逃避现实，其实是对自己的深度保护。

回避型性格的人，面对问题喜欢“装看不见”。他们不是不知道问题存在，而是害怕面对后果。因为过去的经历告诉他们，“冲突”意味着受伤。他们以逃避来保护脆弱的自我，却因此错失了成长的机会。久而久之，内耗成了他们与世界之间的隔离墙。

社会利益型性格的人是从利他中摆脱内耗的成功者。

相比之下，社会利益型性格是一种良性循环，他们懂得合作，乐于为他人和集体贡献力量。他们的满足感，来源于“与世界的联结”，而不是“与自己的较劲”。这样的人，反而最不容易陷入内耗，因为他们的关注点始终是“如何一起变好”，而不是“如何证明自己”。

家庭教育无疑是性格养成的重要因素。支配型、索取型、回避型性格的形成，往往都能在童年家庭关系中找到根源。但我始终坚信，成年之后，个人有能力也有责任去修正那些成长时被灌输的错误观念。

比如那个自卑胆怯的男孩，他可能因为母亲更偏爱弟弟，而从小觉得“自己不值得被爱”。但如果他能在成年后意识到，这种想法不过是“当年那个小男孩的单方面解读”，他便有机会走出自卑，重建自信。

改变的第一步，就是承认“我的性格，是我当年为了活下去、被环境逼出来的生存策略”，但如今，我有权选择另一种活法。

性格并不是枷锁，而是你对自己、对世界的解读方式。如果说童年环境给了人们一副看世界的“眼镜”，那么成年之后，他们完全有机会摘下它，换一副更合适的“眼镜”。

问题在于，大多数人并不愿意承认这一点。他们更愿意相信“我就是这样”，因为这样可以暂时逃避改变的压力。但内耗，恰恰就来自这种逃避。当一个人越执着于“我是这样的”，就越被自己的性格所束缚，内心的拉扯与自我否定也会愈演愈烈。

性格内耗的解药是“觉察、选择、行动”。

走出内耗困境，首先要像观察天气变化般觉察自己的性格特点。当理解性格不是刻在石头上的印记，而是像肌肉一样可以通过练习重塑时，我们就掌握了改变的金钥匙。一个人如何看待自己，决定了他能否走出自我消耗的怪圈。

真正的自我超越，不在于彻底改变性格，而在于学会与之共处，不被它牵着鼻子走。这，才是“性格养成”的最终目的。

04

别在“社交压力”里内耗

婴儿从呱呱坠地开始，与母亲的互动，就是人生最初的合作。这并不是一句温情的抒情，而是事实——人类天生就是社会性动物。

远古时期的人类个体力量微弱，单打独斗根本无法生存，于是学会了群居。这种“不得不合作”的基因，早就刻进了我们的骨子里。无论一个人是“社恐”患者，还是试图远离人群，都无法逃脱现实世界中人与人的联系。

从生存技能到思考方式，从吃饭穿衣到语言交流，哪一样不是从社会中学来的？所以，社会兴趣其实就是“人类作为群体动物的一种本能需求”——我们渴望被接纳，渴望和别人一起合作，一起把生活过好。

群体生活中，那些能为众人谋福祉者，自然更易获得接纳与认可。这是一种朴素的社会法则，不需要动员，也不必说教。比如，原始部落里负责夜间放哨的人，虽然工作辛苦，但因为保障了大家的安全，会被称为“守护者”，赢得更多尊重。

拥有强烈社会兴趣的人，乐于投身此类事务，并从中获得积极的反馈与回报。而那些只关心自己、对群体漠不关心的人，往往会被边缘化，内心也更容易焦虑、孤独，甚至自我怀疑。

真正松弛的人，不是什么都不管，而是找到了自己的位置：通过合作，获得价值感；通过贡献，获得存在感；通过参与，获得归属感。

很多人不理解，为什么人际关系会成为精神内耗的重灾区。本质上，是因为他们缺乏社会兴趣，看什么都带着对抗、比较或者逃避的心态。

举个例子，有个因为口吃和残疾而自卑的人，他畏惧人际交往，惧怕他人的嘲笑，索性将自己封闭于孤独的壳中。别人靠近他，他就把脸扭到一边，连眼神交流都回避。如此往复，他的内心日渐枯萎，最终产生了严重的自我伤害倾向。他出现这些行为，表面看是胆小、自卑，其实根源就在于他对“自己是社会的一员”这件事，完全缺乏认同感。

当一个人无法在群体中找到自己的意义时，内耗就会无止境地蔓延。许多人将社交视为“彰显自我优越”的竞技场，最终却落得身心俱疲。其实，真正有社会兴趣的人，不会总想着赢，而是懂得与他人达成默契。

就像一位钢琴家，最打动人心的演奏，不是炫技，而是与乐器、与听众的共鸣。同样，无论是工人、老师，还是科学家，最终比拼的都不是谁更强，而是谁与世界配合得更好。

“贡献”也是如此，它从来不是简单的自我牺牲，而是“我做的事刚好也对别人有帮助”。哪怕是为了赚钱养家，只要我们的工作对社会有益，这本身就是一种贡献。

很多人误以为“性格内向”就注定“社交恐惧”，实则，社会兴趣犹如肌肉，需要经过锤炼与引导才能强健。

如果一个孩子从小就被溺爱，习惯了所有人都得围着他转，他长大后很难关注别人的感受。同样地，一个孩子若在童年时期长期被忽视，缺乏关爱，往往会变得自卑而敏感，也难以融入社会。

社会兴趣的培养，关键在于让孩子学会合作，而不是一味满足；让孩子感受到付出也会带来满足，而不是总在索取中迷失。

即使成年后才意识到自己社交无能，也并不晚。只要一个人主动去参与，去贡献，去建立正向的联结，哪怕从一件小事开始，都会带来改变。

而在现实生活中，很多人在人际关系中的焦虑、敏感都是因为社会兴趣的缺失。他们总是过分在意自己是否被喜欢、被认可，却忽视了自己能为他人做些什么。

一旦我们把目光从内耗转向与他人合作、共同成长，很多原本让人焦虑的事情，就会悄然消解。当一个人不再总想着“别人都是怎么评价我的”，而是问自己“我还能为身边的人、为这个社会做点什么”的时候，内心的松弛感，才会真正到来。

不内耗小锦囊

◆ 为什么你总是“心很累”？

并不是世界太可怕，也不是别人总针对你。很多时候，是你自己在和你的“认知偏差”较劲——把世界看得太可怕，把自己看得太渺小。

◆ 阿德勒提醒你：

世界本身不复杂，复杂的是你怎么看它

别人的看法、环境的变化、社会的压力，本身并不带“敌意”，是你自己用“有色眼镜”把它们放大成了威胁。

人生观是你活出来的，不是别人定义的

你之所以焦虑，是因为用别人的人生剧本在演自己的戏。真正的不内耗，是明白“我想怎么活”，而不是“别人要我怎么活”。

性格不是原罪，内耗才是

“我就是这样的人”这句话，是很多人给自己挖的坑。性格只是你过去的选择，不是你未来的命运，学会觉察、调整，才能不被性格内耗困住。

社会兴趣强，内耗就少

当你总想着“别人怎么看我”，你会活得很累，但如果你把注意力放在“我能为别人做什么”上，反而会更容易获得安全感、价值感、归属感。

反内耗行动清单：

√ 别再试图“改变世界”，先换掉你那副“焦虑滤镜”。

√ 重新审视自己信奉的人生观，哪些是自己的，哪些是别人的投影？

√ 停止为“我的性格就是这样”找借口，去尝试新行为、改掉旧习惯。

√ 每天做一件有“社会兴趣”的小事，助人、合作、分享，哪怕是很微小的事，也值得尝试。
√ 将“把社交视为战场”转变为“把社交视为合作”，你会轻松很多。

记住这句话：

你不是被世界消耗了，而是被自己的小圈子、小执念、“小我”思维困住了。

第三章
告别“反复怀疑自己”的内耗人生

——用行动打破质疑，让自信自然生长

01

好的小习惯，才是心理健康的真正支撑

在我看来，人类的痛苦，很多时候并非源自外界的残酷打击，而是源于我们自己对世界的解释。一个人觉得命运不公、别人亏欠了自己，可细想之下，这个所谓的“世界”，其实是这个人自己塑造出来的。

尽管这种说法可能初听起来令人不悦，但我仍要强调，是我们自己决定了用什么样的视角去审视这个世界。童年的经历、成长环境、一次次挫折……它们确实影响了我们，但并没有强大到决定我们的未来。

假设两个人都在童年遭遇不幸，一个把它当作经验教训，努力创造更好的生活；另一个却沉浸在“受害者”的角色里，怨天尤人，甚至把自己的痛苦转嫁给下一代。区别不在于过去发生了什么，而在于他们如何看待这一切。

要走出内耗，最重要的一步，是摆脱“宿命论”和“决定论”的束缚。不是“命运让你如此”，也不是“过去注定了你的一生”。真正让你停滞不前的，是那种“反正我改不了”的思维。

重塑自我，不是去否认曾经的伤痛，而是要学会不再被它牵着鼻子走。这需要一种勇气，对自己有信心，相信未来可以被改写。这种勇气，不是凭空而来的，而是源于深刻的自我觉察与不懈的努力。

我曾遇到一个三十多岁的男人，性格内向，不擅长社交，事业也屡屡受挫。追根溯源，他之所以会产生这些行为，是童年时期“母亲偏爱弟弟”的创伤，让他从小觉得自己“不被需要”，于是用冷漠和退缩保护自己，拒绝与世界建立联结。

这便是典型的内耗，害怕受伤，于是选择逃避，但逃避带来的，是更深层的孤独和无力感。许多人的内耗，宛若根深蒂固的肌肉记忆，成为一种难以摆脱的习惯性反应。遇事先否定自己，先假设“我不行”，但这并不是事实，而是被不断重复强化的认知偏差。

要打破这种恶性循环，必须从改变生活习惯入手。比如，主动和人打个招呼，哪怕只是简单的“你好”；遇到问题时，尝试去想“我能做点什么”，而不是“为什么这么倒霉”……记录下自己每天做成的一件小事，强化“我有掌控感”的体验。

生活习惯，反映了一个人的心理状态，也影响着一个人的心理健康。一旦我们改变了自己的行为模式，认知也会随之更新。

请记住，“宿命论”和“决定论”只会让你陷入无休止的内耗。真正的自由，是你可以选择用什么样的心态去面对这个世界。

02

为什么你会变成现在这个样子？

人就像山谷里的松树，每一棵都有属于自己的生长风格，即使是同卵双胞胎，他们的内在性格与外在风格也不尽相同。这些差异从哪里来？不是偶然，而是从生命最初那几年就开始悄然形成。

生活风格是一个人对待世界、应对问题的方式，它受很多因素影响，比如遗传因素、童年经历、社会环境，但最核心的一点是我们的主要性格特征，在童年就已经基本定型了。就像一个从小见到陌生人就退缩的孩子，成年后很难突然变得落落大方；而一个从小懂得体贴他人、举止温和的孩子，也很少会在成年后无缘无故变得冷漠粗暴。

我常被问到："既然童年影响如此重要，那我们的性格到底能不能改变？"答案是肯定的。虽然性格在成年后往往被认为难以改变，因为其形成受到遗传和早期环境的深刻影响，但越来越多的研究表明，通过自我意识的发展、环境的变化与积极的心理干预，成人仍有可能在一定程度上改变性格特征，关键在于这个人是否看清了自己的性格对自己的生活产生了什么样的影响，又是否有足够的动力去调整它。不内耗的第一步，就是“看见”自己的行为模式。

童年像一把钥匙，打开了我们对世界的第一扇窗。遗憾的是，很多父母对孩子的心理发展规律知之甚少，因而以不当的方式塑造了孩子一生的性格轮廓。我见过太多这样的案例：有的孩子在“我都是为你好”的打压中学会了讨好、失去了主见；有的孩子则在“你必须听话”的高压下学会了表面顺从、背地抗拒。

比如，权威型父母虽然爱孩子却不懂得如何与孩子建立亲密关系。他们总是板着脸，不容质疑，对孩子的情绪反应漠不关心，甚至将体罚合理化为“管教”。这样的家庭教出的孩子，要么胆小怕事，总是试图迎合他人；要么性格急躁，用攻击性的行为掩盖内心的不安。这两类人，表面反差极大，本质却一样——他们都在防御，防御那个没有被好好对待的童年。

很多人觉得，自己和世界格格不入，别人不理解他、讨厌他。其实，是他自己先断了与世界的联结。他越是竭力表现出一副满不在乎的模样，内心深处却愈发渴求被关注、被接纳。只是，他早已习惯了以一种错误的方式去应对生活中的种种，结果，生活也以同样的方式不断回应着他。

但是没有人天生就是问题人物，那些被贴上“失败”“叛逆”标签的人，其实都曾在某个时刻渴望过融入社会，只是缺乏引导和支持，让他们在某些关键节点，做出了让自己后悔的选择。而真正的不内耗，就是有勇气在看清真相后为自己负责，而不是永远做一个“受害者”。

每个人都希望获得认可，但如果这种渴望太强，就会变成虚荣——你做的一切，不再是为了成长，而是为了被肯定。这种人，最容易忽略生活本身的价值，他们眼中只有“别人怎么看我”，却从未问过“我真正想要什么”。这时候，与他人建立真正的合作关系，就变得极为困难。

观察发现，如果一个人在社交、工作和爱情中总是拧巴，那他的生活一定处处不顺。

所谓社交，并不只是交朋友，更是一个人能接受别人不一样的意见、能在别人需要的时候站出来，而不是一味逃避或抗拒；所谓工作，是一个人能为社会做出贡献，哪怕只是兢兢业业完成自己的本职工作；而爱情，则是一个人能用尊重和理解，去真正地爱上另一个人，而不是试图控制和占有。

很多人以为，生命的意义在于悟透世事，其实，行动才是实践生命意义的唯一标准。通过行动，就会发现合作能力不是软弱的表现，而是一种成熟的智慧，它是一个人能不能过好这一生的关键指标。

我们无法回到过去重来一次，但我们可以从今天开始，重新与世界建立联结。学会合作、懂得包容、愿意付出，这些看起来平凡的能力，恰恰是一个人摆脱内耗、真正走向自我超越的第一步。

03

别再被自己的“内心戏”困住

世间万象常令人为之困惑，仿佛世界愈发复杂、难以掌控。然而，若静心反观，便会明白，真正复杂的从来不是世间万象，而是我们的内心。

在这个纷扰世间，人们所经历的情境和际遇，都因为内心的解读而被赋予了特定的意义。我们的心灵充斥着欲望、恐惧、期待与偏爱，这些潜藏于内的思绪，才是左右我们对世界的认知的真正根源。

常有人说世界变了，其实，变化的多半是他的认知。世界不过是照常存在，然而我们用什么样的眼光去看待它，便塑造了属于我们自己的“世界”。这便是我常说的，人生意义非天赐，而由个人赋予。

我观察到，内心的复杂性不仅体现在个体之中，更在于与他人的交往之中。一个人的心理健康，终归离不开良好的人际关系，只有超越以自我为中心的限制，学会理解与合作，才能让他的内心逐渐和谐，与外界建立良性联结。

反之，如果一个人沉溺于不健康的生活方式，任由自卑与虚荣支配自我，便容易在遭遇困境时，选择逃避现实或攻击他人。这些行为，非但无法解决问题，反而会进一步加剧内心的混乱与痛苦。

因此，我始终坚信，只有正视并修正内心那些偏颇的信念与行为模式，才能真正走向自我成长之路。自我反省、积极融入社会、与他人建立良性互动，都是简化内心复杂性、避免无谓内耗的重要途径。

然而，要洞悉自己的内心，并非易事。譬如“虚荣心”，这是人性天然的弱点，但很多人羞于承认，反而以各种面具加以掩饰。有人以固执己见为护盾，拒绝任何异议，仿佛唯有如此，方可维系自尊；也有人极度渴望他人的认同，不惜做出各种牺牲，甚至走向极端，也要争取他人的一句认可。

我曾见过不少人因虚荣而迷失自我，有孩子、有成人。那些自卑的孩子，为了博得关注，甚至以虐待弱小为“勇敢”；

而成人之中，更不乏因害怕面对自身不足，便将失败归咎于命运不公、教育失败的人。他们口口声声斥责世界，却不愿承认，真正令他们痛苦的，是自身成长的滞后。

虚荣心虽然不是原罪，但如果放任它无限膨胀，就会让人失去真实的自我。为了遮掩软弱，有人故作冷漠，将自己与人群隔绝；有人刻意拒绝邀请，非要对方多次恳求，才故作勉为其难地答应，以此来抬高自己的身价。这些行为都是虚荣心在作祟。

古希腊哲学家苏格拉底就能一眼洞穿虚荣面具。有个虚荣心极强的年轻人，为证明自己勤俭节约，特地穿着破旧衣服登台演讲。苏格拉底看到后说："年轻人，你衣服上的每个洞后面都有一只名为虚荣的眼睛在向外张望。"年轻人顿时满脸通红。

归根结底，如果一个人任由虚荣心作祟，便会在欲望与恐惧之间反复拉扯，耗尽心力，徒增内耗。唯有认清这一点，方能真正做到“不内耗”。

我始终认为，个体心理的成长，不仅在于适应社会，更在于忠于自我。社会期待固然存在，但倘若因此而丧失真实，内心终将空虚。良好的自我认知与适度的反省，是保持内心平衡的关键。我们应该在合作与独立之间，寻得一条通向真实自我的大道，在纷繁世界中活出真正的自我。

04

如何不让自己在合作中内耗？

在我的观察中，人类需要合作，就像植物离不开阳光与水分。这不仅是生存的本能，更是文明得以延续的根本。单靠一个人的力量，我们既无法抗衡自然，也无法满足自身复杂的需求。正因如此，人类从一开始便选择了群居与分工合作，才有了今天的世界。

合作不仅是一种智慧，更是一种生存策略。譬如森林中有一只猴子和一头大象，连续几天没找到食物，都饥肠辘辘。它们发现河对岸的树上结满果子，可谁都摘不到果子——猴子虽然灵巧会爬树，但看见河水就腿软；大象倒是能轻松过河，但庞大的身躯根本够不着树上的果子。

起初，它们争执不休，都认为果子应该归自己所有。但逐渐地，它们意识到争执无济于事，只会继续挨饿。在生存本能的驱使下，猴子和大象开始寻求合作：大象驮猴子过河，猴子摘果子，然后平分果实。通过分工合作，它们终于都吃到了美味的果子，心满意足地回去了。

然而，合作也并非毫无代价。如果一个人只把合作当成获取利益的手段，把帮助他人视作“吃亏”，把获得帮助看作“理所当然”，终将自食其果，反受其害。轻则人际关系疏远，重则陷入社会冲突，乃至滑向犯罪的深渊。

我见过太多人，在利益面前只关注自身得失，缺乏合作精神。他们总以“世人皆负我”的姿态行走世间，殊不知，正是这种心态，让他们无法融入群体，反而将自己困在了孤岛般的内耗之中。

合作的本质，是彼此认同与共赢，而非谁征服谁。如果一个人总是将自己摆在世界的对立面，不肯与他人同频共振，终将被时代抛下，徒留怨怼与虚妄。

当然，合作也并非无懈可击。合作人数一旦增加，责任容易被稀释，效率也可能因此下降。如果一个团队缺乏清晰的目标与行事规则，合作反而会成为内耗的温床，让团队陷入内斗与推诿的泥潭。

因此，真正高效的合作，离不开以下几条准则：明确责任，人人有事干，事事有人管；保持独立思考，不盲从、不媚从；倾听与表达并重，沟通才是合作的润滑剂；建立共识，捋顺规则，确保公平公正；正视分歧，寻求共解，而非争强好胜。

合作并不意味着牺牲自我，而是通过“我”的成长，成就“我们”的强大。

如果一个人只懂索取，不懂付出，最终只会让自己与世界渐行渐远。反之，懂得合作之道的人，反而能在合作中保持内心的秩序与平衡，避免无谓的内耗，将精力真正用在创造与前行之上。

要记住，合作是一面镜子，照见的是你与世界相处的方式。用好这面镜子，才能既成全自己，也成全他人。

不内耗小锦囊

◆ **为什么你总是“活成小时候的影子”？**

不是因为命不好、运气差，而是因为你习惯了用“过去”解释“现在”。你不是活在现实里，而是活在自己脑补的剧本里。

◆ **阿德勒提醒你：**

别被“童年的标签”困住

你经历了什么，不等于你就是那样的人。过去是过去，不要把“我小时候如何”当成你一生的借口。

生活风格体现你习惯的思维和反应

你的生活风格不是“就是这样”，而是你一天天活出来的。想不内耗，从改掉那些自动反应的小动作开始。

内耗最大的根源，是你太想“证明自己”

想赢过所有人，想让所有人都认可你，结果却把自己逼成了最累的那个。真正的成长，是敢于做自己，而不是活成别人期待的样子。

合作不是“吃亏”，是“共赢”

别把帮助别人当吃亏，别把获得帮助当作理所当然。合作是你走向成熟、减少内耗的必经之路。

反内耗行动清单：

- √ 内耗多半是老思路在作怪，每天问自己一句：“我为什么这么想？”
- √ 别再和“过去的自己”较劲，学会活在当下。
- √ 刻意练习“合作思维”，比如主动承担一件小事，不用等别人开口。

√ 碰到情绪反应激烈时，先深呼吸，再问：“这事值得我内耗吗？”
√ 小步快跑，一点点调整行为习惯，比一夜觉悟靠谱一百倍。

记住这句话：

人生不是和过去的自己死磕，而是和明天的自己握手言和。

第四章
逃避、焦虑、社恐，其实都是内耗

——学会与现实合作，而不是内心拉扯

01

你逃避的不是现实，是被否定的恐惧

人类作为一种社会性生物，是需要与他人相处、彼此联结的。然而，有些人却像披上了一件隐形的外衣，刻意隐藏自己，拒绝与世界建立联系。他们不主动靠近他人，也不主动伤害别人，只是小心翼翼地缩进自己内心的角落。这种逃避，并非懒散或冷漠，而是源自内心深处对亲密关系的本能抗拒。

人类是群居的生物，只有在与他人的合作中，才能体会幸福与成就。然而，当一个人长久地游离于社会之外，他便会逐渐丧失协作的能力，失去对外界的敏感与兴趣，陷入一种深沉而隐秘的孤独。那并非表面的寂寞，而是一种被隔绝的空虚感，仿佛与整个世界失去了联系。

仔细观察这类人，有两种特征尤为明显。一是，他们极少与人对视。当他们与人交谈时，总是低头避开，眼神飘忽，仿佛害怕被一眼看穿。他们并非不理解对方的话语，而是害怕在目光的交汇中暴露自己的软弱。二是，他们习惯戴上冷漠的面具，用生人勿近的姿态与世界保持距离。简单的问候、礼貌的寒暄，都会让他们感到不适与抗拒。这种疏离感，正是无数次社交受挫后形成的自我防御。

许多人误以为这只是性格使然，实则不然。这些人冷漠的性情，实则源于无数次被拒绝与被否定后的心理防御，逐渐构筑起一道难以逾越的心灵高墙。他们用逃避现实来保护自己，以为只要不靠近他人，就不会受伤。但讽刺的是，正是这份“自保”，让他们与他人越来越远，最终与世界格格不入。

促使他们逃避的，通常有两种心理力量。

第一，是对优越感的扭曲追求。每个人都渴望被认可、被尊重，但当这种渴望被虚荣心绑架，优越感便成了脆弱的盔甲。他们害怕失败，害怕暴露自己的平凡，于是选择远离人群，以冷漠和距离感维护虚假的的优越感。这份优越感看似坚固，实则摇摇欲坠，只要有人靠近，他们便恐惧得不知所措，唯有退避才能自保。

虚荣心的陷阱，不止体现在个人身上，家庭、团体等也常因过度强调自身的优越，而走向封闭与孤立。他们自诩高贵，不屑与外界沟通，最终只会在自我陶醉中腐朽，失去真正的创造力与生命力。

第二，是对无常的恐惧。这个世界瞬息万变，不确定性无处不在，对于一些人而言，这种不确定性是无法承受的重负。面对不可控的现实，他们选择了最简单的应对方式——逃避。他们躲进回忆与幻想中，用“反正努力也没用”这样的念头麻醉自己，拒绝面对真实的挑战。殊不知，逃避并不能带来安全感，反而会让内心的焦虑与孤独愈发沉重。

选择逃避，看似轻松，实则代价高昂——那些将自己封闭起来的人，以为可以与痛苦绝缘，却不知，正因隔绝了外界，他们也失去了与幸福、成长相遇的机会。

我始终坚信，生命的意义，在于不断超越自我，在与他人的联结中实现成长，而逃避，只会让人困于原地，错失所有美好的可能。

02

焦虑让人内耗，合作才能让人前行

焦虑，是每一个逃避者绕不过去的影子。几乎所有选择逃避的人，都背负着难以言喻的焦虑重担。这种情绪，如同暗流，悄无声息地渗透进他们的思想、行为，甚至成为他们与世界隔绝的理由。

焦虑的本质，是一种对未知的恐惧。人们天生渴望确定性，渴望掌控。然而，现实世界从不按剧本行事，充满了变数与挑战。当一个人缺乏面对不确定性的勇气，焦虑便如潮水般涌来，将他推向逃避的深渊。

在焦虑的驱使下，人的行为会发生扭曲。那些习惯逃避的人，也想融入社会，但焦虑让他们看不清前方的路。焦虑蒙蔽了他们的双眼，使得本可以迈出的每一步，都变得步履维艰。他们害怕与人建立关系，害怕被评价、被否定，索性将自己关在“安全”的壳中，自我封闭，自我放逐。

我曾见过这样的人，哪怕只是一场再普通不过的聚会，他们也会提前焦虑数日，反复琢磨“要不要去”“去了会不会被冷落”，结果往往是什么也没做，自己先累得筋疲力尽。这便是典型的内耗——明明没有真正面对挑战，却在脑海中无数次上演失败的剧本，把本该用来行动的力量，浪费在了无谓的担忧上。

焦虑不仅侵蚀着他们的行动力，更深远地影响着他们的人格发展。久而久之，这些逃避者会逐渐失去自信，变得优柔寡断、胆小懦弱。小到一次问路、一次发言，大到一份工作、一段关系，他们都在内心不断上演“自我否定”的戏码，直到麻木，直到彻底与外界断裂。

焦虑的表现形式千差万别。有的人将焦虑写在脸上，浑身颤抖，言语支离破碎，仿佛置身风暴中心；有的人则将焦虑藏于内心，表现得拖延、懒散，甚至看似“佛系”的不在乎。殊不知，那些看似淡然的姿态，往往只是逃避的另一种伪装。

孩子们的焦虑比较直接。当母亲离开片刻，他们会用哭闹、撒泼来索取关注。这不仅是对孤独的恐惧，更是一种“确认自己被爱”的方式。成年后，这种情感模式并未消失，只是换了一种表达方式。比如一些人在两性关系中变得敏感多疑，反复确认对方的在意与陪伴，本质上仍是那句未说出口的：“你还在乎我吗？”

更复杂的是，那些看似强势、控制欲极强的人，其实内心往往充满焦虑。他们通过掌控他人的方式，试图缓解自身的不安——恋人、朋友、家人，只要不在自己的掌控之中，焦虑便会如影随形。于是，他们以“爱”为名，行“控制”之实，却不明白，这种紧抓不放的姿态，恰恰是对合作与信任的极度破坏。

还有一类焦虑，是最容易被忽视的：胆小。那种胆小的人，看似只是懦弱怕事，实则是被焦虑牢牢困住。他们害怕失败、害怕被笑话，害怕暴露自己的不足，干脆不去尝试，不去靠近。可越是逃避，越是加剧自卑，久而久之，连本该属于自己的机会，也一并失去了。

焦虑本身并不可怕，真正可怕的是，让焦虑操控了我们与世界的关系。一个沉溺于焦虑与逃避的人，注定无法与他人建立良好的合作关系。而没有合作，人就会陷入无休止的内耗，与世界隔绝，与成长无缘。

要打破这个循环，需要正视焦虑，学会在焦虑中前行。勇敢面对那些让人不安的场景，哪怕只是迈出很小的一步，都是走向自我超越的开始。合作，从来不是为了取悦他人，而是让自己拥有更多联结世界、超越自我的机会。

逃避只会让焦虑更深，行动才是最好的解药。

03

真正的勇敢，是学会承担责任

在我的实践中，见过太多人把“怯懦”活成了自己的保护色。面对生活中的任务，他们低头、后退、绕道而行，仿佛只要眼不见心不烦，责任便可以自动消失。然而，他们忘了逃避得越多，内耗得越重。那个在心里自责、愤懑、羞耻的自己，才是最无情的对手。

这些怯懦者，总是认为“我不行”“我不敢”“我做不到”，甚至连最普通的生活琐事也能让他们心生畏惧。他们不是没有能力，而是被“怕失败”“怕被指责”“怕不被喜欢”的念头紧紧束缚。一次次否定自己，一次次错过机会，到最后，连尝试的勇气也被耗尽了。

我必须指出，怯懦的根源，从不是所谓“天生性格”那么简单。很多人之所以逃避责任，不过是为了暂时躲避失败后的痛苦。他们用“还没准备好”“条件不成熟”等冠冕堂皇的借口，把本该属于自己的成长机会拱手让人。殊不知，这种“聪明”的自我保护，其实正是最消耗心力、拖垮人生的内耗。

责任，从来不是枷锁，而是生命赋予我们的自我实现的路径。一个人只有真正学会承担责任之后，才能打破自卑的牢笼，走出无休止的自我怀疑。

衡量一个人是否成熟，要看他如何面对社交、工作与爱情这三个问题。怯懦者往往在这三方面举步维艰。他们渴望与人亲近，却又害怕被拒绝；渴望一份有意义的工作，却总觉得“我不配”；渴望被爱，却又因自卑与猜忌，把爱人推得越来越远。

这种内耗，是被动的，也是自我设限的。他们习惯性地把“责任”视为洪水猛兽，却不清楚，正是这种回避，让他们一次次失去成长的机会。那些原本可以通过努力获得的成就，却常常被懒散、拖延与推诿所取代。那些可以建立信任与亲密的关系，也被猜忌、敏感与防御心撕裂得支离破碎。

有趣的是，怯懦者往往还会借助抱怨来减轻自责。他们会说：“是社会太残酷”“是环境太糟糕”“是别人不理解我”……

可说到底，这不过是一次次逃避责任的自我安慰。而每一次抱怨的背后，都是对“自己无能为力”这件事的默认。

我曾遇到过一位年轻的企业继承人，他天资聪颖、性格宽厚，却因内心的怯懦与逃避，逐渐失去了对生活的掌控。面对家族企业的重担，他没有选择迎难而上，而是躲进了灯红酒绿的社交场，靠游戏、酒精、无用的交际来麻醉自己。他也清楚知道自己身上承担的重要责任，却始终缺乏直面挑战的勇气。直到一次重大的经营危机将他逼到绝境，他才痛苦地承认，真正让他疲惫不堪的，不是责任本身，而是他那颗时时刻刻想要逃避的心。

是的，真正的疲惫，来自内心深处的自我拉扯 —— 一方面渴望证明自己，另一方面又惧怕承担失败的后果。于是，他反复在“想做”与“不敢做”之间消耗自己，最终被内耗拖垮。

怯懦者往往以为，逃避能换来平静，推卸责任能避免痛苦。可现实是，逃避得越久，痛苦便越深。因为你逃避的从来不是外界的任务，而是自己内心的成长需求。那些没有被承担起来的责任，终究会以另一种方式回到你身上，变成懊悔、焦虑、自责，缠绕你的一生。

想要摆脱这种内耗，只有一条路：勇敢承担责任。

承担责任，不是要求你立刻无所不能，而是从一点一滴的小事做起。哪怕只是主动打一次电话、完成一件琐事、坚持一个小目标，都是与过去那个“怯懦的自己”告别的开始。

每一次直面问题，都是在打破内耗的枷锁。每一次承担责任，都是在重塑自己的信念。久而久之，你会发现，那些曾经令你畏惧的挑战，原来也不过如此。你所恐惧的，从不是任务本身，而是那个被焦虑、虚荣与自卑包裹的自己。

真正的成长，从来不是躲在安全区里等待奇迹，而是勇敢走出去，一点点修炼自己的担当与勇气。逃避，带来的永远是内耗，只有承担，才能让人获得真正的自由。

04

“社恐”背后，其实是怕输

一个人逃避责任、逃避人群，表面上是在保护自己，实际上却是在与自己为敌。这种回避，是最隐秘、也最消耗心力的内耗形式。

很多人以为，不合群的人是孤傲、冷漠，甚至特立独行的。可在我看来，所谓社会回避行为，并不是什么超然物外，而是内心虚弱、自卑的外化表现。真正的强者，敢于走入人群，敢于与世界联结，而不是用自我放逐的方式，逃避成长的考验。

当一个人在社交场合中，总是习惯性地用“不修边幅”“不讲礼貌”去与世界保持距离，其实，他的心里正承受着巨大的不安。他越是邋遢、越是粗鲁，就越反映出内心的不安——害怕与人接触、害怕被看见，害怕暴露出那个不被认可的自己。

我见过太多人，用“不合群”当作借口，掩饰内心的脆弱。他们在人群中刻意制造隔阂，用夸张的行为向世界宣告：

“别靠近我！”比如有人在餐厅里大声喧哗、在公共场所旁若无人地做出令人反感的举动，这些都不是单纯的“没素质”，而是一种消极的自我保护。他们用不文明的方式，把自己与世界隔开，因为只有这样，他们才觉得“安全”。

但要明确的是，这种回避行为，并不能真正保护一个人。相反，它会让人在看似安全的壳子里，慢慢被内耗吞噬。当一个人拒绝与别人产生联系时，他也在杜绝自己成长的可能性。没有人天生就能在真空里成长，一个人的价值感，需要在与他人合作、与社会互动中实现。

有些人甚至会用身体上的“异样”来强化这种回避，比如衣着邋遢、故意让自己不被喜欢。这让我想起一位年轻女士，二十多岁了，却仍在尿床。表面看是生理问题，实则是心理层面的“自我隔离”。她通过这种极端的方式，牢牢绑定了母亲的关注，也为自己构建了“我不需要融入成人世界”的借口。这种“行为语言”，本质上与那些在公共场合大声喧哗、邋遢示人的人别无二致，都是通过让自己“不被喜欢”来避免真正的社会互动。

更隐蔽的回避者，则选择以“高冷”的姿态示人。他们明明渴望被认可，却故作淡漠；明明害怕被忽视，却假装不在乎。他们总是用一种“你配不上了解我”的态度，把距离感变成了优越感的伪装。但说到底，这种伪装不过是虚荣与自卑的合谋，是一种对失败的恐惧。

我始终强调，人的行为，是其心理状态的投影。那些拒绝与社会建立联系、用不文明行为隔绝他人的人，并不是不想被理解，而是太害怕被拒绝、被评判、被看穿。与其被世界否定，不如先主动否定世界，这种“先发制人”的逃避心态，便是社会回避行为的根源。

但我要郑重地说，逃避，永远解决不了问题，反而会让人被困在内耗的死循环里。一个人以为自己避开了外界的伤害，实则不过是把自己囚禁在更深的孤独里。

一个人只有在真实的社会关系中，才能看到自己的位置，才能实现自我的成长与超越。选择逃避，看似轻松，实则是在放弃生命赋予他的“合作能力”。而不与世界合作的人，最终只能在自己的世界里，慢慢枯萎。

社会回避行为，看似在保护自己，本质上却是在不断削弱一个人的生命力。它耗尽了人的社交能力、行动力、自信心，甚至让他逐渐失去对生活的热情。那些表面看似毫不在意的人，实际上早已被内耗折磨得身心俱疲。

你要明白，回避不是自由，而是枷锁。与其耗费心力去维持一副“我不需要世界”的假象，不如勇敢地迈出一步，哪怕只是一次小小的互动，都是摆脱内耗、重建自我认同的开始。

要真正做到不内耗，就要敢于面对关系、面对评价、面对合作。逃避的尽头是孤独，而联结的过程，才是疗愈自卑与虚荣的良药。

不内耗小锦囊

◆ **为什么你总是“越怕出错，越不敢开始”？**

不是你真的不行，而是你太怕“输得难看”，所以干脆不出手。你不是在努力保护自己，而是在反复预演最坏的结果，把自己困在恐惧里。

◆ **阿德勒提醒你：**

“逃避”表面上是自保，实则是自我设限

你越想避免失败、避免被评价，就越会活成自己想象中的失败者。逃避，并不会让问题消失，只会让你的勇气被耗尽。

焦虑不是天生的，是你习惯用“假如失败了”来吓唬自己

别再拿“我怕做不好”当借口。与其害怕犯错，不如接受“人生本来就会犯错”的认知，行动本身就是最好的解药。

反内耗行动清单：

- √ 遵循“最低标准”法则：遇到想逃避的事，先把目标降到“能开始”就行。
- √ 面对焦虑时，问自己一句：“我在担心的是真问题，还是自己吓自己？”
- √ 反向暴露法：每周做一件小事，故意不追求完美，鼓起“带着瑕疵也敢做”的勇气。
- √ 记录每一次“没逃避”的小胜利，累积自信。
- √ 停止和“理想中的自己”较劲，把目光放回“此时此刻能做什么”。

记住这句话：

你越想万无一失，可能越会一事无成。成长，从允许自己“先做了再说”开始。

第五章

别让“本能与执念”拖垮你的潜能

——从生存驱动转向目标驱动

01

自我提升不是靠空想，而是靠行动

我观察到，当面对难以解决的难题或无法跨越的障碍时，人们常常会陷入一种深深的无力感之中。这种无力感导致成年人感到沮丧、疲惫和不安，同样也使孩子展现出厌学、暴躁以及对抗的行为。

许多人在这种无力感下，会下意识地缩小自己的活动范围，试图用回避来减轻焦虑，譬如口吃的人尽量不说话，恐高的人避免登高。他们以为，只要避开了问题，就能避免失败与痛苦。然而，这种回避带来的，并不是安宁，而是一种无处不在的压迫感，像缓慢收紧的绳索，挤压着他们的生活空间，甚至吞噬了他们的生命活力。

在人类心理的自我保护机制中，这种压迫并非单纯的消极因素。正如身体会发烧以对抗病毒，心灵也会激发“优越感”的幻想，以平衡内心的痛苦。这种补偿的力量，有时猛烈得如同山火一般。只是，它的表现形式千差万别。

如我见过一对姐妹，终其一生都在用不同方式争夺彼此心中所谓的“优越”。姐姐以丈夫的英俊体贴为傲，妹妹则以丈夫的财富反击。她们都以为，优越感是通过贬低对方来获得的，殊不知，这样的较量，不过是自卑在暗处操纵。

优越感的追求，表面上千姿百态，实则殊途同归。曾经有位老师表示他想搬来一架梯子，爬到黑板的顶端，因为只有在能够俯视学生的位置，他才会忘记自卑带来的不安全感。这个行为，是用支配他人来掩盖内心的不足。

事实上无论是凌驾他人，还是服务他人，如果只是为了证明自己与众不同，终究会陷入无休止的证明循环中。

我并不否认，察觉到自身不足、渴望改变，是一种健康的生活态度。问题在于，什么才是真正的自我提升？若只是执着于外界的评价，活在“必须比别人好”的执念里，那不过是另一种形式的内耗。

自我提升，首先要认清“自我”。人与人之间的差异，从一出生便已存在。有人天赋异禀，有人生来平凡，有人身体健全，有人先天缺陷。正如世间没有两片完全相同的树叶，每个人的存在，都是独一无二的。

然而，幼年的我们并不懂得“独特”二字的含义。只有在渴望被爱却得不到回应时，只有在努力却始终达不到期望时，我们才会开始察觉到差异。从那时起，自卑悄然种下，家庭的评价、社会的眼光，层层叠加，让这颗种子不断生长。

左撇子的孩子被强迫改用右手写字，可右手的笨拙让他时时感觉不便，因此他可能会因认为“左撇子”是一种缺陷而陷入自卑；身材矮小、成绩平平的人，在“你不行”的反复洗脑下，自卑便如影随形，难以摆脱。几乎所有人，都会在成长过程中形成或大或小的自卑情结。

与此同时，几乎所有人也都渴望优越。想被看见、被认可、被赞美，想在某一方面超越他人。这种优越感目标与现实的差距，便是我们一生不懈追求、持续调整的不竭动力。

问题的关键在于，你如何看待自己与他人的差异？是将其视为无法逾越的缺陷，任由它成为自我设限的枷锁，还是以它为起点，发展出属于自己的独特路径？

医学研究显示，真正因生理缺陷而无法自我提升的人，并不多见。阻碍大多数人的，并非身体本身，而是他们对自身“缺陷”的深信不疑。

反之，如果能赋予“缺陷”以正确的意义，许多所谓的劣势，反而能成为迈向优越的阶梯。许多杰出的潜水员，小时候都曾罹患严重的呼吸系统疾病，正是这种经历，激发了他们对水下世界的执着与探索。

德国诗人古斯塔夫·弗赖塔格（Gustav Freytag）曾说，正因自己天生散光，无法看清世界，他才学会用想象力去看到更清晰的世界。这个缺陷，最终成就了他的文学之路。

人类文明的发展，本质上也是一种缺陷补偿。面对寒冷，我们学会了纺织；面对野兽，我们掌握了制造武器的技艺；面对飞鸟，我们渴望飞翔，从而催生了飞机的发明。正如人类历史上的技术变革所证明的，每一次技术的飞跃都源于我们对环境的适应和对未知的探索。可以说，正是因为不完美，人类才有了不断超越自身的动力。

因此，自我提升，从来不是消除差异，而是接受差异、超越差异。问题不在于你拥有什么，而在于你如何使用自己拥有的一切。

倘若一个人因为害怕被嘲笑、害怕失败，就将自己封闭在狭小的舒适区内，他的超越便无从谈起。真正的自我超越，始于接纳自己，包括优点，也包括缺点。

人存在的意义，不在于成为完美的他人，而在于成为更好的自己。划清“可改变”和“不可改变”的界限，接纳那些无法改变的事情，专注去改变能够改变的事情，才是走向自我超越的第一步。

归根结底，自我提升的关键，从不在于天赋或资源，而在于“勇气”二字。

02

放下证明自己的执念，才能真正成为你自己

在我的观察中，大多数人一生都在和自我价值的问题纠缠不清。俗话说“三岁看老”，一个人在三四岁时，便会在家庭环境与社会评价的双重影响下，逐渐形成自己的“心灵模式”——他如何看待自己、评价自己，从而决定了他此后面对生活、处理关系、追求目标的方式。

如果这个“自我价值评估”是扭曲的，它会像一面变形的镜子，把一个本来有潜力的人，折射成满身缺陷、处处失败的模样。例如，有人只是因为一次考试的失利，就认定自己“天生愚笨”，从此一蹶不振；也有一些人则因外貌或出身受到轻视，逐渐在自卑的泥潭中沉沦。

然而，自我价值感并非一成不变。若能识破这面变形的镜子，打破它、重塑它，生命依然可以焕发新的光芒。

心灵模式，其实是目标在塑造我们。一个人怎样看待自己，很大程度上，取决于他想成为什么样的人。可惜的是，很多人以为自己在追求梦想，其实不过是在追逐优越感。

比如，某些家庭中，父母的严苛与期待让孩子从小渴望“压过别人一头”。于是，这个孩子成年后，不是去追寻热爱的事业，而是执着于“赢过谁”，活成了别人的影子。当这种优越感受挫，他便会启动心理防御，把失败归咎于“环境不好”“别人不懂我”，却从不反思自身的选择。

想要真正重建自我价值，第一步是“认清自己”。不是认清“我比别人强”或“我比别人差”，而是认清“我是谁”“我在这个世界中的位置”。

一个人如果总是以“被认可”为唯一的价值衡量，就会陷入等待世界肯定自己的被动局面。真正的自我价值，是主动去承担责任、创造意义，而不是等待赞美。

比如，在工作中，上司下达了一个错误指令，而你明知不妥却选择沉默，事后却埋怨“这不是我的错”。但事实上，你为了回避人际冲突、避免被否定，选择了服从。你低估了自己的价值，没有去承担应有的责任。这种回避，才是导致结果恶化的隐性原因。

重建自我价值，要走出“纵向比较”的陷阱，学会与他人“平视”——不是非要比别人更好，才算有价值。

每个人的价值，都是独一无二的，无法用统一的标尺去衡量。把自己放进更大的共同体里去看待，格局才能打开。别把眼界局限于“小圈子”的比较，而是放大到“人类”“地球”“宇宙”这样的维度。

拉开时间与空间的视野，自我价值才会有更稳定的根基。

“自我接纳”是重建自我价值的核心，这不是盲目地自我肯定。真正的自我接纳，不是拿着 60 分的试卷告诉自己“我其实很优秀”，而是承认“我目前只有 60 分”，但这并不妨碍我去努力得到 100 分。接纳自身的渺小与缺陷，同时相信自我成长的可能性。

当我们学会了接纳自己，下一步便是将关注点从自己转向他人。关心、信赖他人，并为他人做出贡献，并非牺牲自己，恰恰是自我价值实现的必经之路。因为，当你发现自己的存在对别人有用时，自我价值感会自然生长。无条件地信赖他人，并不是傻，而是给自己创造与世界联结的机会。

举个例子，有人总是怀疑别人“会不会害我”“是不是看不起我”，结果事事设防，处处孤立，最后反倒成为被排斥的那个人。

信赖感，是一种自我修复的力量。哪怕被骗一两次，依然愿意去信任，这种心态本身，就是内心强大的表现。

更重要的是，自我价值的实现，离不开对他人的影响与贡献。当一个作家的思想被千万人阅读，当一个工程师的发明改变了人们的生活，他们的价值也随之被放大。这种价值感，不是空洞的自恋，而是通过行动、通过对共同体的贡献，具体而真实地建立起来的。宗教也好，文化也罢，人类之所以追求永生、轮回、极乐世界，本质上，都是在寻找“我的存在究竟意味着什么”。

自我价值，不是从别人嘴里听来的，而是在与世界的互动中，一点点建立的。因此，重建自我价值，归根结底，是四个关键词：认清自己、接纳自己、信赖他人、贡献社会。

这是从“自卑”到“自我超越”的必经之路。

03

为什么你总被“脾气”和“玻璃心”拖垮?

情绪，是你了解自己的入口，而不是自欺的出口。

在我看来，人类的生存本能，正是通过“赋予人生意义”这一过程，来不断实现自我超越的。然而，在这条漫长的道路上，情绪往往既是动力，也可能成为障碍。如果我们不能正确认识和驾驭自己的情绪，它们便会反过来束缚我们，将我们困在自卑与优越感交织的迷雾之中。

情绪的陷阱，一共两种。

第一种是滥用情绪。愤怒、悲伤、焦虑……这些感受本身无可厚非，但如果把情绪当作操控他人、规避责任的工具，便会成为自我欺骗的手段。比如，有人习惯用愤怒掩饰自己的无力，把“摔门”当成“发声”；有人用悲伤换取同情，却从未想过解决问题本身。他们看似在宣泄情绪，其实是在逃避责任。

我并不否认，情绪本身蕴含着强大的能量，适当的表达能够帮助我们直面自卑，迈向更理想的目标。然而，一旦沉溺于

“靠情绪获得优越感”的模式，便会被困于一种虚假的自我肯定之中，既伤害了人际关系，也消耗了自身成长的空间。

第二种是压抑情绪。有人为了维持冷静、理性的形象，刻意否认自己的情绪需求，仿佛愤怒、悲伤、焦虑是软弱的象征。他们压抑并忽视这些内心信号，却未曾意识到，被压抑的情绪并不会凭空消失，反而会以躯体症状、关系疏离、精神内耗等方式，悄无声息地反噬自己。

情绪，本应是我们观察自身状态的重要信号。愤怒或许在提醒我们某种界限被侵犯，悲伤则告诉我们有些重要的价值正在流失，焦虑可能在暗示我们的目标与现实之间存在差距。如果我们试图掩盖、忽视这些声音，便等于关掉了与自我对话的窗口。

情绪之所以会成为陷阱，不在于它本身，而在于我们如何使用它。

如果我们将情绪视作征服他人的工具，它便成了权力游戏的一部分；如果我们把情绪当作逃避现实的借口，它便成了自我设限的枷锁。只有当我们愿意把情绪当作理解自我、调整行动的信号时，它才真正成为助力，而非障碍。

我曾见过有人因过度压抑愤怒，最终演变为躯体化症状，甚至发展为神经症，也见过有人滥用悲伤博取同情，却愈发孤立无援的情况。无论是哪一种，归根结底，都是这些人未能与自己的情绪建立良好关系。

情绪，是自卑感与优越感之间的桥梁。当我们能够接纳自己的情绪，理解其背后的需求，而非急于操控或压抑时，才能在克服自卑、追求优越感的过程中，少一些内耗，多一份坦然。

这正是我所理解的情绪的正确使用方式，不是压抑，不是滥用，而是觉察、接纳、行动。

不内耗小锦囊

◆ 为什么你总是“被情绪困住”？

情绪本身是没错的，真正让你反复内耗的，是你拿情绪当工具用，想靠发脾气赢得尊重，靠悲伤换来关注，结果却是越用越孤独。

◆ 阿德勒提醒你：

情绪不是“权力武器”，也不是“自欺盔甲”

愤怒、悲伤、焦虑，都是你的心理信号，告诉你哪里出了问题。有了逃避情绪就是内心在逃避自我，当你在压抑情绪时也在自我否定。不如学会与情绪对话，让它成为你的“自我导航”。

滥用与压抑，都是“优越感焦虑”在作怪

为了证明自己的特别，才会不停用情绪向外索取认可。越

怕被看低，越想通过情绪掌控他人，最后却困在自己的剧本里。

反内耗行动清单：

√ 每天练习“情绪觉察”，问自己：“我现在真正的感受是什么？”

√ 面对愤怒、悲伤、焦虑，先别急着控制或发泄，先去了解它的来处。

√ 刻意区分“我情绪不好”和“我这个人不好”，别混为一谈。

√ 尝试用行动代替情绪回应问题，比如不靠生气表达不满，而是学会表达需求。

√ 每次被情绪裹挟前，提醒自己：情绪是信息，不是武器。

记住这句话：

真正强大的人，是能用情绪了解自己，而不是用来绑架别人的人。

第六章

别让孩子成为“从小内耗体质”

——理解比控制更重要

01

自卑不是问题，把自卑变成动力

一个人的行为模式，往往能追溯到早年的成长体验，但童年的环境并不决定一切，它只是为人格的发展提供了某种起点，而不是宿命。重要的是，个体如何回应这些经历，如何在生命的每个阶段主动地重新定义自己。

譬如，我曾遇到过一个女孩，她立志成为医生，在跟她的沟通过程中，她回忆起三岁那年参加祖父的葬礼，目睹了死亡带来的恐惧。这一经历，成为她选择成为医生的重要原因。她没有被对死亡的恐惧困住，而是在与恐惧的对抗中，找到了自我超越的方向。这正是我所强调的，决定一个人未来的，不是事件本身，而是他对事件的态度。

自卑感，常源于个体对周遭境遇的主观解读与评判。每个人在生命初期，都会或多或少地感受到自身的不足，比如婴儿无力自理，完全依赖成年人的照料。孩子成长过程中遇到的失败、比较、冷落，都会在心中埋下一颗“我不如他人”的种子，但这颗种子是否会长成桎梏心灵的荆棘，取决于一个人自身的生活风格，也就是我们面对世界时习惯性的思考与反应模式。

许多人误以为自卑情结只属于那些沉默、怯懦的人。事实上，自卑情结的表现是多样的。比如，有人以忙碌来掩盖内心的不安；有人借“我太脆弱了，所以才需要被照顾”来争取关注；也有人用愤怒、挑衅来捍卫自尊，试图用强势姿态掩饰内心的自卑。

从我的实践经验来看，自卑本身并不是坏事。恰恰相反，自卑感是一种促使人类不断进步的动力。牛顿因好奇而探寻万有引力，发明家亨利·戈培尔（Henry Goebel）因不满黑暗而研发灯泡，这些伟大的成就，都源于人们对现状不足的自觉与超越。人类文明，正是在无数个“我可以做得更好”的愿望和行动中不断发展的。

然而，过度沉溺于自卑感，将之视作不可改变的命运，就会成为人格发展的障碍。譬如，有人习惯用“我天生就不行”

来自我设限，也有人误以为“只有踩在他人之上，才能证明自己的价值”。这都是对自卑情结的误用与曲解。

那位执意要站在黑板顶端的人，他的举动是为了“从高处俯视他人”以获得优越感。如果不能改变他“只有俯视他人才有价值”的目标，那么不论我们如何劝说他换种方式，他终究会以另一种形式，继续攀爬那面“心灵的黑板”。

在我自己的诊疗中，常有人问：“婴儿时期的无助，是否注定了人的性格走向？”对此，我的回答始终是：婴儿的脆弱确实激发了人对合作的最初渴望，但真正决定人格面貌的，是成年之后的选择。童年的体验，固然会影响一个人对世界的最初认知，但它从未剥夺过任何人重新塑造自我的能力。

我曾遇到一位女士，她工作繁忙、焦虑不安，习惯将自己包裹在敏感脆弱的形象之下，以此博取家人的体谅与关心。当她努力回忆童年时，最清晰的画面是弟弟出生后妈妈不再整天陪伴自己。这个刻在记忆深处的场景，让她从小就觉得父母更爱弟弟。为了重新赢得父母的关注，她尝试通过生病、成绩下滑等方式表达自己也需要被爱。这种行为模式延续至成年，成为她面对压力时的惯性选择。

由此可知，一个人用什么样的态度生活并不是天生注定的，而是日复一日选择的结果。即便早年的经历带来了错误的信念与行为模式，他依然有能力通过觉察与调整，走出自卑的牢笼，重塑更为积极、健康的生活方式。

02

家庭地位并不一定决定孩子的人生

很多人会问：“同一个家庭，为什么孩子们性格差异如此之大？”有人归咎于遗传，但我个人认为，这种单一因素的解释显然过于片面。家庭环境并非静止不变，它如同一个生态系统，随着孩子的出生顺序、父母的身心状态以及家庭资源的分配而不断演变。

设想一个园丁种树，哪怕是同样的种子，栽种的位置不同——有的迎光，有的背阴；有的靠近水源，有的远离滋养——最终结果自然大不相同。家庭中的每个孩子，也在“不同的土壤与气候”中成长。长子、次子、幼子或是独生子女，他们面临的家庭情境从来不是简单的“复制粘贴”。

出生顺序的确会对个体心理产生影响，但这种影响不是决定性的，而是家庭氛围、父母的教育方式与社会文化共同作用的结果。

长子，往往在弟弟妹妹出生前享受过“独占父母的爱”的特权。当弟弟妹妹到来的时候，原本属于他的注意力被分散，他就容易产生地位被威胁的感觉。这种心理落差往往会使长子性格中责任感强烈，渴望掌控一切，但也可能伴随着焦虑情绪、固执己见，以及对被超越的恐惧。

记得我曾遇到过一位患者，她是家中的长女。弟弟出生后，她开始频繁“生病”，不是真的身体虚弱，而是无意识地用病弱来换取父母的关注。这种行为模式，实则是她对失去父爱母爱的焦虑性回应。

不过，我们不能武断地说“所有长子都如此”。如果父母能在弟弟妹妹出生前，有意识地教会长子合作而非竞争，长子反而会成长为具有强大社会感与责任感的榜样型人物。

与长子不同，次子从一出生就面临被比较的环境。他们习惯将年长的哥哥姐姐视为“对手”，内心深处充满了“我要赶上去，甚至超越他”的动力。这种追赶的心态，既可能催生出极强的进取心，也可能在屡次受挫后转化为自卑与倦怠。

《圣经》中的雅各便有着典型的“次子心理”。以扫和雅各是双胞胎兄弟，以扫是长子，雅各是次子。雅各曾趁以扫饥饿时，用红豆汤换取长子的名分。在雅各的心里，他总是不甘心落在以扫的后面，一直都在努力超越他，以获得最后的胜利。雅各的执着与不甘，正是因“被比较”而造成的后果。

次子的成长质量，取决于家庭是否营造了良性竞争与平等合作的氛围。如果次子长期被贴上“你永远不如哥哥（姐姐）”的标签，就容易滑向自卑或叛逆的深渊。

家庭中最小的孩子，常被视为“宝贝”，享受最多的宠爱与宽容。这种特殊待遇，既可能滋养出自信、乐观的性格，也可能导致依赖性强、逃避责任的后果。

咨询室里曾有位年轻的来访者，作为家中幼子，他在两位姐姐的管教与母亲的庇护下长大。每当职场压力或生活难题袭来时，他总会下意识地说：“我妈身体不好，我得先顾家里。”这份看似孝顺的理由背后，藏着他未曾察觉的行为模式，他总是把自己放在需要被保护的角色里。翻看他的童年记忆簿，反复定格着这样的画面：姐姐们批评他毛手毛脚时，母亲总会把他护在身后说“他还小”。这种持续强化的保护伞，让他在三十岁的年纪依然像个躲在大人身后的孩子，面对社会风雨时总想找把现成的伞。

但这并不意味着幼子必定懒惰且依赖性强，恰恰相反，如果家庭能在给予孩子爱与安全感的同时，培养幼子的责任感与社会感，他们往往能成长为极具韧性与亲和力的人。《圣经》中约瑟的故事便是典型，他虽是家中幼子，却最终成为拯救家族的英雄。

独生子女与父母的关系更为紧密，既没有兄弟姐妹的竞争，也没有分享父母关注的体验。这种独占性的爱，既可能塑造出独立、成熟的性格，也可能因缺乏合作经验而导致社交困境。

独生子女倾向于将父母的认可视为人生的终极目标，因此成年后，他们常常因“如何与他人建立平等关系”而苦恼。如果他恰好生活在父母过度溺爱的家庭环境中，便容易发展出“他人都是竞争者”的敌对心态，进而形成狭隘的优越感。

但值得一提的是，独生子女如果在良好的家庭教育中学会与社会合作，其专注力与责任感反而尤为突出。

出生顺序、家庭地位，的确会对一个人的性格、生活风格产生影响，但这都不是绝对的。家庭是否营造了合作大于竞争的氛围，父母是否能用平等、信任、鼓励的方式去回应孩子的需求，会对个体的性格、生活风格产生更深远的影响。生活风格并非先天注定，而是后天选择的产物。

孩子在家庭中学会的，是如何看待自己与他人的关系，是争夺还是协作，是嫉妒还是欣赏，是自怜还是成长。

03

父母的教育方式，决定孩子会不会内耗

父母对子女的影响，往往深远到超出我们的想象，许多成年人的困境、反复上演的内耗，追根溯源，往往都能找到家庭教育留下的痕迹。原生家庭的影响犹如导航仪，父母的教育固然深刻影响着孩子的人生轨迹，但油门和刹车却始终握在孩子自己手中。

一个孩子如何看待自己、如何与他人相处，往往始于与母亲的早期合作。母亲不是天生的老师，她的内心认同与自身成长经历，也决定了她如何对待孩子、如何赋予“母亲”这个角色以意义。

如果一个母亲对自己的性别角色认同充满挣扎，将孩子视为负担或束缚，孩子便很难从她身上感受到积极的合作信号。被粗暴对待、被冷漠回应的孩子，很容易将这种经验内化为“我是不被需要的”认知，进而影响他与世界的联结。

但反之，一个懂得接纳自己、愿意与孩子建立良性合作关系的母亲，哪怕她身处困境，也能给予孩子力量。这种合作感并不依赖物质条件，而是一种态度，她们不是把孩子当作证明自己价值的工具，而是当作平等、值得尊重的生命个体。

在许多家庭中，父亲习惯性地扮演“批评者”“裁判官”的角色。他们以“我是为你好”的名义，居高临下地教育孩子，却忽视了真正重要的事——陪孩子一起面对问题、成为孩子成长路上的榜样与伙伴。

好的父亲，并不需要时时刻刻教训孩子，而是要在家庭中扮演“可信赖的顾问”的角色。当孩子遇到困惑时，他能给予孩子耐心的倾听与中肯的建议；当家庭需要共同决策时，他会尊重每一个成员的声音，而非一锤定音。

更重要的是，一个懂得尊重妻子的父亲，才能教会孩子什么是真正的平等合作。孩子会从父母的相处模式中，潜移默化地学习如何建立健康的人际关系。

在现实生活中，很多父母确实深爱自己的孩子，但爱的方式却可能是不当的。举例来说，一个母亲把孩子当作掌上明珠，事无巨细地包办代替，孩子的每一次跌倒、每一次失败都被迅速“抢救”，看似细致入微，实则在向孩子传递一个危险的信号：“你离开我就活不下去。”这种过度保护，会让孩子难以学会独立面对生活的挑战，甚至在成年后仍习惯性地寻找依赖对象，缺乏与社会平等合作的能力。

还有些父母，试图用无条件地控制来维系亲子关系。他们总觉得“我为你好”，因此孩子必须听从自己的一切安排。在这样的亲子关系中，孩子自我认同的构建举步维艰，待到成年，更容易发展成“取悦型人格”，不敢拒绝不合理要求，对被认可有着近乎痴迷的渴望。

反观那些真正善于教育的父母，他们懂得在爱与放手之间找到平衡，既给予孩子足够的支持，也允许孩子经历适度的挫折与失败，让孩子学会为自己的人生负责。

比如有个男孩在生病期间，获得了父母前所未有的关注，弥补了他长期以来的被忽视感。在这种被重视的体验中，他重新感受到了“我是被需要的”，不再用做坏事来博取关注。这并非疾病本身改变了他，而是那段特殊经历让他找回了与父母的情感联结。

古希腊神话中的火和锻造之神赫菲斯托斯（Hephaestus）天生残疾（瘸腿），但这并没有成为他的阻力，他反而通过坚持不懈的努力，发展内心兴趣，成为所有神灵的工匠，为宙斯制作闪电，为阿波罗造太阳车等。他的故事提醒我们，每个缺陷的背后，都蕴藏着转化的可能性。关键在于，个体能否在支持与自我努力下，将局限转化为独特的能力。

教育的本质，从来不是驯服，而是唤醒。唤醒孩子内心的社会感，让他们明白自己是这个世界的一份子，他的价值来自与这个世界的联结与对世界的贡献。这也是个体心理学所强调的“共同体意识”。

教育的最终目标，不是塑造一个听话的孩子，而是帮助孩子成长为自信、独立、懂得合作、乐于贡献的人。父母不必追求完美，但需保有成长的意愿。

真正的好父母，从来不是不犯错的人，而是愿意在与孩子的相处中，不断修正自我、学习尊重、学会放手的人。

父母成长一小步，孩子受益一大步。

04

外在环境：学校与社会，孩子成长的“第二课堂”

家庭塑造了孩子最初的性格，但孩子终将走向更广阔的世界，学校、同伴、社会环境，都会成为孩子性格与价值观塑造的重要因素。但在讨论外在环境对孩子的影响时，我们必须摒弃简单化的“环境决定论”，更应看到孩子如何理解与回应外在影响，才是成长的关键。

学校是家庭的延续，更是社会的缩影。理想中的学校，应该是帮助孩子走向社会的过渡地带：让孩子学会与他人合作、学会面对规则、学会独立承担责任。

然而现实中，部分学校却成了“成绩至上”的竞技场，教育变成了单一的竞争训练，孩子们被迫将注意力集中在赢过别人上，而忽略了与他人合作的能力培养。

这种片面化的教育模式，让孩子习惯性地从利己的视角看待世界，削弱了他们的社会感与归属感。

推动人类文明进步的，不是竞争，而是合作。

如果一个孩子只被教导“如何超越别人”，却从未学会

"如何与人协作、共同达成目标"，那么即便他在考试中取得好成绩，未来在人际关系、职场乃至家庭中，依然会面临巨大的适应性问题。

孩子的问题行为，往往是合作感缺失的表现。现实中，很多家长不理解为什么在家里乖巧听话的孩子，一到学校就成了"问题儿童"。其实，打架、顶嘴、逃课、注意力涣散等行为的背后，往往藏着一个被忽视的事实——这个孩子并未真正学会如何与他人建立平等的关系。

在家中，他可能是整个家族的中心，一切都按他的节奏进行。当他一旦进入群体环境，失去了唯一性，他就会感到不安与挫败，而问题行为是他应对焦虑，争取关注、寻求掌控感的方式。这种情况并不是他不懂事，而是他不懂得如何与他人合作。

这是父母与老师都需要去理解和引导的核心课题。

在家庭之外，老师是影响孩子最深远的"他人"。一个真正优秀的老师，并不只是单纯的“教书匠”，而是能与孩子建立起良性互动、帮助孩子发展社会感的“引路人”。老师的首要任务，不是让每个孩子都成为第一名，而是要引导孩子学会面对挑战时不自卑，学会与人协作而不是敌对，学会欣赏自己的独特性，也尊重别人的不同。只有当老师意识到，教育的本质是激发内在动力，而非外在奖惩时，才能帮助孩子在自信、合作、独立之间找到良性平衡。

通过对多年实践经历样本的分析，我将一些“问题孩子”分为四类。

“依赖型孩子”习惯于依靠别人的帮助，缺乏独立解决问题的能力。在考试中，他们能背诵公式，却做不好应用题，不是因为能力不够，而是因为“依赖”成为他们应对不确定性的默认策略。

“焦点型孩子”为了成为老师关注的焦点，宁愿用“惹事”来吸引注意，他们并不在意被批评，因为在他们眼里，被批评总好过被忽视。

“领导型孩子”渴望掌控集体，以获取优越感。如果缺乏正确的引导，他们容易将“支配他人”误以为是“优秀”的表现。实际上，只有通过合作与贡献，人们才能获得更健康的优越感体验。

“懒散型孩子”习惯于逃避挑战，表面上自信满满地说“我想做就能做好”，实则是为了掩饰内心对失败的恐惧。每当他们被“低期待”包围，哪怕稍有努力也会被过度夸奖，这反而强化了他们的懒散习惯。

在养育孩子的过程中，想要避免教育误区就需要注意以下三点：

第一，别用分数定义孩子的价值。过度强调分数，会让孩子将自我价值与外界评价绑定，反而削弱了他们的内驱力。被分数否定的孩子，容易失去信心，甚至用自欺、逃避的方式来维护自尊。

第二，别把遗传当成推卸责任的借口。遗传确实会对一个人的身体素质有所影响，但性格、习惯、社会适应能力等，更多源于后天的环境与教育。我始终强调，孩子如何“解释”自己的缺陷，远比缺陷本身重要。

第三，别让家庭与学校各自为战。家庭是孩子“情感归属”的第一课堂，学校是孩子“社会实践”的第二课堂。二者的良性互动，才能真正帮助孩子在群体中找到自己的位置。

教育的本质，从不单纯为了打造优秀的学生，而是为了培养能够在社会中自信生活的人。一个健康成长的孩子，必然是既能与人合作、又能独立思考的人。而这，正是家庭、学校、社会共同努力的方向。

不内耗小锦囊

◆ **为什么“教育”反而容易变成“内耗的陷阱”？**

因为太多父母把“培养孩子”变成了“投射自我焦虑”，一味盯着成绩、输赢，却忘了孩子不是证明你成功的道具，而是一个需要被理解的生命。当你只想“塑造一个完美的孩子”时，你其实是在逃避面对真实的孩子。

◆ **阿德勒告诉你：**

孩子不是被“改变”出来的，而是被“理解”出来的

孩子的问题，往往不是“学不会”，而是“不会与人合作”。不自信、叛逆、拖延、懒散……大多源于“没有被当作平等的人对待”。

教育，不是控制，而是教会孩子用合作的方式去获得归属感与价值感。

别再用“遗传”“天赋”给孩子贴标签

你看到的“脾气差”“不合群”，可能只是他还没有找到正确的合作方式。改变思路，从“我怎么纠正他”变成“我怎么帮他学会与世界相处”。

反内耗行动清单：

- √ 问自己一句：“我现在是在教育孩子，还是在证明自己？”
- √ 刻意练习“平视的语言”，少用命令，多用协商。
- √ 帮孩子找到“能让他感受到价值”的小事，比如照顾小宠物、帮忙做饭。
- √ 面对孩子的情绪，先接纳后引导，别急着用“你应该”来评判。
- √ 学会放下“完美父母”的执念，允许孩子成为“独一无二的自己”。

记住这句话：

教育的尽头，不是赢在起跑线，而是学会与世界温柔相处。

第七章

别让“职场内耗”耗尽你的人生

——从比较、焦虑到专注、合作

01

开启成功职业生涯

职业从来不仅仅是谋生的手段，更是个人价值的重要体现。每个人都需在纷繁的社会分工中觅得属于自己的角色，借由工作搭建起与世界的桥梁。这既关乎物质生活的保障，更在于精神世界的充实与归属感的获得。

请想象一个成绩优异的年轻人，他面临毕业却对未来充满迷茫。下一阶段该读什么专业？未来该从事什么职业？这些问题困扰着成千上万的年轻人。成年后，很多人将“工作繁忙”当作逃避婚姻、家庭、人际关系的借口，忙碌于无休止的事务，却从未真正面对自己的内心。有的人不断跳槽，只为寻找所谓的“理想工作”，却从未停下脚步，认真思考自己真正追求的是什么。

其实，人们面临的所有职业问题，都离不开三个最基本的事实：

第一，所有人都生活在地球上，必须依靠地球资源生存。土地、矿产、水源、森林……这些有限的资源决定了我们要通过各种职业去开发、利用、保护它们。这是职业存在的根本。

第二，人是群居动物，无法脱离社会独立存在。我们必须学会合作、分工、互助，才能在复杂的社会中生存。这也是职业形成的基础，没有合作，就没有分工，也就没有职业。

第三，性别差异决定了婚姻和家庭作为社会最小单元的重要性。婚姻、家庭不仅是个人情感的归宿，更是人类延续与社会运转的重要环节。一个人如果无法在婚姻、家庭中建立合作关系，也可能很难在职业中取得真正的成就。

这三大事实共同塑造了“职业”这一概念。职业不仅是谋生的方式，更是人与自然、人与社会、人与家庭之间关系的具体体现。每一种职业，归根结底都是为了解决资源、合作、繁衍三大问题。

然而，现实中有很多人并未意识到这一点。他们习惯了只关注个人利益，逃避合作与责任，最终陷入自我设限的困境。

比如，有些孩子从小被溺爱，只习惯接受帮助，从未学会付出。一旦进入职场，他们也希望有人替自己完成任务，因此难以融入团队，最终被边缘化。也有些人，工作多年仍找不到方向，不是因为缺乏机会，而是因为始终没有学会如何与他人协作，如何通过劳动实现自我价值。

职业不是孤立存在的。它的核心在于“通过劳动、合作和奉献，与世界建立和谐的关系”。只有当我们把自己放入整体中，认识到自身的角色与价值，才能在职业中找到真正的归属感。

婚姻与家庭同样如此。在一个健康的家庭中，母亲的角色不应被低估。无论是全职母亲还是职场女性，她们的付出都在培养下一代的合作意识与社会感。母亲是孩子最初的职业引导者。四到五岁，是发现和培养孩子职业兴趣启蒙的关键期，如果此时父母能给予鼓励与引导，孩子就能通过一次次小小的成功，选定方向，树立自信。这种兴趣爱好的不断成长，将伴随孩子一生，对其职业定位产生深远的影响。

当然，学校教育在孩子职业兴趣的培养中也至关重要。通过多元化的课程与实践活动，孩子可以锻炼眼、耳、口、鼻、手等感官协调，培养思维能力与动手能力。这些看似简单的训练，实际上是在为未来的职业生活打基础。

如果一个孩子在童年时期能明确自己的兴趣所在，未来的职业道路自然会更清晰。但很多孩子并非缺乏理想，而是缺少自信，不敢表达自己的梦想。此时，家长与老师的引导尤为重要——发现他们的兴趣点，给予肯定与支持，帮助他们将兴趣转化为可行的职业目标。

反之，如果孩子在成长过程中缺乏明确的兴趣与方向，成年后在职场上往往会感到迷茫与无助。他们频繁更换工作，自以为是在寻找最适合自己的工作，实则是在逃避自身工作和协作能力上的不足。

当下，一些人跳槽频繁、拒绝婚姻、怨天尤人……这些现象的背后，隐藏的都是一些共同的问题：逃避合作、逃避责任、逃避自我成长。他们把问题归咎于外界，却从未反思自身的态度与行为方式。

然而，人生在世，终究要面对三个根本问题：如何与地球相处、如何与人类相处、如何在性别差异中建立良好关系。职业，就是这三个问题的集中体现。唯有勇于面对挑战，积极参与其中，我们才能在职业生涯中觅得真正的归属感与价值所在。

02

找到兴趣，才能停止内卷式焦虑

“我到底喜欢什么？”这是许多人终其一生都在思考的问题。

兴趣是人们内心深处的一种主动联系，是自发而持续地关注。而当一个人找不到兴趣所在，学习、工作、生活都会变得枯燥无味，职业发展更是无从谈起。

兴趣的本质是什么？从心理学的角度看，兴趣是一种专注力的体现。只有当我们对某件事物感兴趣时，才会心甘情愿地投入精力，从而展现出专注的态度。这种专注，不仅让人沉浸于当下，也意味着个体愿意与这件事物建立稳定的、持续的联系。

而专注力本身，并不是稀缺资源。除了智力障碍或重度心理疾病患者，一般人天生就具备一定的专注能力。只是受到疲劳、压力、不良情绪、环境干扰等因素影响，人们很难始终保持高度专注。

尤其是孩子，他们对于不感兴趣的事情往往表现出明显的抗拒情绪，推诿、敷衍、哭闹。此时，单靠强制灌输非但不能激发他们的兴趣，反而会适得其反。正确的做法，是引领他们在实际生活中亲身体验与感受，从而将学习内容与个人需求紧密相连，进而自然而然地激发出浓厚的兴趣。

兴趣不仅能激发学习动力，更是职业发展的起点。许多人之所以在职业发展中迷茫、痛苦，正是因为当初的职业选择并非出于兴趣，而是被动接受环境、家长、社会的安排，导致职业方向与自我兴趣发生偏离。

因此，越早发现兴趣，就越有可能找到真正适合自己的职业方向。人在四五岁时，就已经开始形成初步的兴趣倾向。只不过，这种兴趣往往藏在无意识的日常活动中，需要家长和老师细心观察、正确引导，才能被发掘出来。

如何发现兴趣？最有效的方式，莫过于回溯童年。人们在年幼时表现出来的游戏行为，最能反映内心的兴趣取向。游戏不仅仅是娱乐，它是孩子与世界接触的一种方式，是他们用来探索环境、表达自我、模拟成人社会的天然工具。正如教育学家卡尔·格罗斯（Karl Gross）所说：“游戏是儿童为未来生活所做的准备。”

孩子在游戏中表现出的角色选择、互动方式、投入程度，都能透露出他们的性格、兴趣与潜能。一个喜欢在游戏中当老师的孩子，可能擅长表达与沟通；一个沉迷于修理玩具的孩子，或许将来会对工程、设计类职业感兴趣。这些细节，正是通往兴趣之路的重要线索。

游戏，是兴趣的“训练场”，年幼的狮子通过打闹练习狩猎技巧，人类的孩子同样通过游戏锻炼社交能力、动手能力、观察力与想象力。游戏中的“职业扮演”不仅是一种兴趣表达，更是职业兴趣早期训练的重要形式。

观察孩子在游戏中的行为，可以看出他们对未来事业的渴望，或是对细节工作的执着，也可以看出他们如何与同伴协作，如何面对失败与挫折。这些行为，都是未来职业兴趣的雏形。

需要特别注意的是，孩子在游戏中扮演的角色，往往受到家庭影响。警察的孩子喜欢当警察，老师的孩子喜欢当老师。这种倾向并非简单的模仿行为，而是源于他们在家庭这一小世界中所能最先接触并理解的角色模型。

当然，游戏不仅展现了孩子的兴趣，也暴露了潜在的心理问题。比如，一个总是在游戏中扮演“被照顾者”角色的孩子，可能缺乏独立性；一个屡屡在游戏中制造混乱的孩子，往往自尊心极强，害怕失败。更严重的是，那些不愿参与游戏、总是逃避集体活动的孩子，往往缺乏社会兴趣，缺乏与人合作的意识。长此以往，他们很可能在成年后也难以融入社会，陷入孤立与自卑之中。

有些孩子并非没有兴趣，而是在成长过程中被不断打击，导致他们对自己的兴趣失去了信心。比如，一个孩子因为不小心弄丢了书本，被严厉责罚，逐渐对学习产生了抗拒。相较于天生缺乏兴趣的个例，兴趣被扼杀的现象实则更为普遍。

此外，家庭对金钱、地位的过度强调，也会让孩子将职业看作是赚钱的工具，而非实现自我价值、服务社会的途径。久而久之，他们失去了对合作的兴趣，只关心个人得失，最终很难在社会中立足。

想要重建兴趣，可以从合作开始。培养兴趣的关键，在于激发对人类共同体的兴趣，唯有具备社会感、愿意为他人做贡献的人，才能真正发展出持久而有意义的兴趣。

父母、老师、社会各界都应努力营造一个支持、鼓励、包容的环境，帮助孩子在合作中发现自我，在服务他人中获得成就感。即使是已经步入社会的成年人，也依然可以通过与人合作这一路径，重新建立起兴趣与价值感。

职业技术学校、成人教育、志愿服务，都是非常有效的途径。通过这些实践，人们不仅能学到新技能，更能在与他人的合作中，重拾社会归属感，减轻自卑与焦虑，找到属于自己的那份热爱。

兴趣从来不是凭空而来的，它是人类与世界建立联系的结果。孩子通过游戏接触世界，成人通过劳动与合作实现自我。

只有当我们真正对世界、对他人产生兴趣，愿意参与、愿意贡献，才能找到属于自己的兴趣，找到属于自己的职业道路。

03

会社交的人，才不会被职场消耗

“爱你的邻人”这句基督教教义，看似简单，却是人类社会得以发展的根本。无论是家庭、学校，还是社会，人与人之间的联系、理解与合作，都是我们赖以生存的重要基础。

人类从诞生起，就无法脱离群体而独自生存。家庭，是最早让人体验合作与关系的场所。在家庭中，孩子通过与父母、兄弟姐妹的相处，学习如何表达情感、如何分享资源、如何解决冲突，这些体验，奠定了他们未来社交能力的基础。

从原始部落时期开始，人类便通过图腾、祭祀等方式，将个体凝聚为族群，共同面对自然与生存的挑战。今天，家庭与学校的社交合作，正是这种群体协作的延续与进化。

“爱邻如己”，其实就是对他人感兴趣。一个对他人漠不关心、只关注自己的人，往往难以融入群体，缺乏与人合作的能力。

许多被过度溺爱的孩子，会质问：“为什么要我去关心别人，而不是别人来关心我？”这种以自我为中心的态度，使他们很难真正理解合作与关系的意义。当他们面对困难时，不是选择寻求合作，而是逃避、推卸责任，最终只会让自己更加孤立。

那些只关注自身优越感、拒绝与人建立平等关系的人，往往在人群中显得格格不入。他们的眼神里充满冷漠与防备，表面上高傲自负，实则内心脆弱而空虚。这样的态度，既不利于个人发展，也会破坏集体的合作氛围。极端情况下，孤立甚至会演变为精神障碍。精神病患者与罪犯身上，常能看到这种“与世界为敌”的神情。他们不愿与人合作，缺乏信任，最终被自己囚禁在心灵的牢笼里。

改变一个对社交充满恐惧与敌意的人，绝非易事，但并非没有可能。关键在于，用足够的温柔与耐心，帮助他们重建对他人的信任。

有一个患有严重精神分裂症的女孩，八年来如野兽般撕咬衣物、尖叫流涎，完全丧失了与人沟通的能力。一位医生用整整八天的时间，陪伴她、与她交谈，即便被拒绝、被攻击也始终不离不弃。终于，一个月后，女孩开口说出了第一句话。虽然她的社交能力并未完全恢复，但这微弱的勇气，便是她走向康复的重要起点。这件事告诉我们，唯有被“好好对待”，人才能学会“好好相处”。粗暴的隔离、惩罚，只会让这些人更加封闭，而持续的接纳与耐心，才是打开他们心门的钥匙。

缺乏对他人的兴趣，不仅会导致精神障碍，也可能埋下犯罪的隐患。有人无心将点着的火种扔进森林里，引发一场猛烈的森林大火；或一个人在回家时不慎将一条电缆遗落在了马路上，导致一名骑摩托车的人被电缆绊倒并从车上跌落而死……这些看似“无心之失”的背后，往往暴露了当事人对他人存在与后果的漠视。这不仅是道德的问题，更是缺乏社会感、缺乏合作意识的体现。

社交能力的发展，源于从小的训练和培养。孩子是否能与人建立良好的关系，关键在于早期的家庭教育和学校教育，这些教育形式对学前儿童社会交往能力的形成具有深远的影响。如果孩子从小在家庭中感受到平等、关心与尊重，他们自然也会以同样的态度去对待他人；如果一个孩子的家庭氛围冷漠、充满竞争与敌意，孩子很难学会真正的合作。

同样，学校作为家庭之外的“社会练习场”，对孩子的社交能力培养至关重要。老师应引领孩子融入集体，教会他们通过合作攻克难关，共享胜利的喜悦，并勇于担当失败的责任。

一个具备良好社交能力的人，往往更容易收获美满的婚姻、稳定的工作，更有效地建立和谐的人际关系，也更能在生活中实现自己的个人价值。他们相信世界是友善的，相信人与人之间是可以互相支持、彼此成就的。这种信任感，正是他们拥有勇气、不断成长的根源。当他们明白，自己的存在并非孤立，而是与人类共同体紧密相连时，便能在合作与奉献中实现自我价值，收获真正的幸福。

社交能力不是天赋，而是一种可以被培养的生活能力。它来自家庭、学校的点滴熏陶，来自对他人持续的兴趣与善意。一个懂得与人合作、乐于助人的人，才能在社会中站稳脚跟，也才能找到属于自己的那份价值与幸福。

不内耗小锦囊

◆ 为什么有些人总是“工作很忙”，却始终找不到职业方向？

因为他们把“逃避”当成了“努力”，用忙碌麻痹自己，实则是在回避真正的自我。你不是没有能力，而是害怕面对“真正想做什么”的答案。

◆ 阿德勒告诉你：

工作不仅是谋生，更是实现自我价值的舞台

真正的职业选择，来自对“我能为他人做什么”的思考，而不是“我能得到什么”。

合作，是你融入世界的通行证

逃避只会让你孤立，只有在与他人的联结中，才能找到自己独一无二的位置。

兴趣是天赋的入口，游戏是天才的摇篮

回忆童年的热爱，不是玩物丧志，而是重新发现“我是谁”的线索。

反内耗行动清单：

√ 问问自己：“如果没人看见、没人评价，我还愿意做这件事吗？”答案就是你真正的兴趣所在。

√ 找回童年最爱的“游戏”，从小事里重拾成就感与专注感。

√ 在团队中，刻意训练“贡献感”，别只盯着成败，学着享受合作本身。

√ 每周至少一次，主动做一件“没有收益”的小事，让自己习惯关注他人。

√ 接受“没有人天生会选职业”，勇敢试错，比原地焦虑强一百倍。

记住这句话：

找到自我，不是靠独自拼搏，而是学会与世界温柔联结。

第八章

为什么越聪明的人越容易内耗

——专注当下，别死磕完美

01

不可忽视的影响力

在观察一个人时，我们往往会被他的外在形象所吸引。无论是端庄得体的举止，还是局促不安的神态，一个人的姿态、神情、语气、语速，都会在不经意间流露出性格的影子。这些外在表现，虽不能作为判断一个人的全部依据，却是了解其人格的重要入口。

譬如，一个人站立时姿态挺拔而自然，往往传递着一种沉稳与自信。他并不需要刻意去展示自己，反而因此显得从容。而若一个人站得过于僵硬，甚至刻意抬头挺胸，那反而容易暴露他内心的不安——仿佛害怕别人看穿他的脆弱，只能用“用力过猛”的方式掩饰自己。相反，弯腰驼背、步履沉重的人，则可能因为长期缺乏社会兴趣与生活的意志，逐渐习得了这般萎靡的姿态。

语言表达方式往往也映射着一个人的心理状态。语言流畅、思维缜密的人，其表述过程常呈现出从容不迫的特质，这种言语的稳定节奏既源于对自我认知的确信，也彰显着他应对交流挑战时的底气。反观那些语速急促却逻辑紊乱的人，他们说话时常伴随着目光游移与观点重复赘述等特征，其实他们只是通过言语密度的堆砌来掩饰内心的不安定感。也有一些人平时看似“惜字如金”，常用疏离的语言来简明表达自己的观点，内心却暗含对认同的渴求，他们只有获得别人“你说得对”的确认，才能消解潜在的不安情绪。

然而，仅凭这些表象便草率下结论，未免武断。个体心理学告诉我们，人是复杂的整体，任何单一的行为都不足以揭示其全部人格。性格的形成，根植于早年的经验，乃至个体对自身与世界关系的独特诠释。因此，我们在评判一个人时，必须综合考量他的成长经历、出生顺序、家庭氛围，以及他面对挑战时的选择与反应等。

我曾遇到一个小男孩，他自幼身形瘦弱，经常遭受同学的欺凌。放学时，他总是低头快步离开，避开人群。随着时间的推移，他在学校变得更加沉默，成绩下滑，甚至开始逃学，独自坐在足球场看台上消磨时间。他的母亲焦急万分，却从未曾深入了解这背后的原因，只一味责备他“太过内向”“不爱说话”。

这正是常见的错误原型，孩子因早期被排挤、否定，逐步发展出对他人不信任的态度，将沉默作为自我保护的壳。这种“壳”并非与生俱来，而是被环境一层层包裹上的。如果任由其固化，便会影响他成年后的社会适应能力，甚至引发更深层的自卑与逃避。

然而，并非所有人都会因此沉沦。有些人选择用顺从、讨好来换取他人的接纳，也有人将攻击性反弹给外界，以冷漠与抗拒面对人群。这些不同的表现，其实都只是寻求他人认可的一种方式。

正因如此，我始终认为，真正理解一个人，绝不能仅凭外在的表现。我们要看他如何回应否定，如何面对陌生的环境，如何在遭遇困难时做出抉择，在面对这些问题时他是消极退缩，还是奋起改变。这些细节，才能揭示人格的真实面貌。

我也曾见过一位家庭主妇，她身形略显粗壮，语速极快，面容时常带着焦虑与不安。她走进心理咨询室，讲述自己持续数月的困扰，每到深夜就辗转难眠，白天常感胸口发闷，甚至连日常小事也会引发莫名的烦躁情绪。仅凭外表，我便能大致推测，她背负着繁重的家务与育儿责任，且缺乏家庭的支持与分担。

果然，她有三个年幼的儿子，丈夫长期在外工作，家庭重担几乎全部压在她一个人的肩上。日复一日的琐碎与奔波，让她疲于应付，逐渐失去了对生活的掌控与热情。她以为自己是在解决问题，实际上却只是在完成家务。她被“完成家务”这个错误目标所困，反而忘记了家庭的真正意义应是“获得幸福”。

这个案例让我更加确信，外在特征与内在状态密不可分。一个人的行为举止，不仅反映着他的性格与情绪，也折射出他对生活的态度与价值取向，这些深层次的特征往往又与他的早期记忆与生活经验紧密相连。

因此，我始终强调，父母在孩子成长过程中，要学会敏锐地捕捉这些外在信号，及时调整自身的教育方式。如果那位母亲能早早意识到孩子的自卑根源，或许她会选择用陪伴与鼓励代替责备，让孩子从一次次“被看见”中，重建自信，逐步走出自卑的阴影。

同样，如果那个丈夫能理解妻子的辛劳，给予体力与情绪上的支持，就能缓解家庭的失衡，让妻子从“独自支撑一切”的焦虑中解脱出来，家庭也会随之走向和谐。

个体心理学从不空谈性格，它关注的是个体与环境的互动，关注的是“如何成为一个对他人有用的人”。从站姿、神情、语气这些微小之处入手，去观察、去理解、去引导，才能真正触及人格的核心，帮助个体实现自我超越。

02

决定个人成就的是不断提高的智商

在探讨个人成就的影响因素时，人们往往喜欢用先天智力与特殊天赋作为衡量标准。智力，似乎成了区分成功与失败的天然界限，但事情远没有如此简单。

所谓智商，不过是人们认识世界、解决问题的能力表现之一，而绝非决定命运的唯一因素。每个新生儿的智力差异，远没有成人世界中想象得那般悬殊。真正拉开人与人之间差距的，是后天的环境、经历与一个人对生活的态度。

城市里的孩子，因接触的事物更丰富，受到的教育刺激更多，往往在早期显得聪明伶俐；而偏远乡村的孩子，则因生活资源匮乏，父母教育程度有限，成长节奏稍显迟缓。但这并不意味着前者必然取得更高成就，后者则注定平庸。当这些孩子在逐步脱离原生环境走向社会的过程中，随着接触面越来越广，经过学习与深度思考，不断地磨炼和吸取经验，大部分普通人的智商都会趋于中段水平。成长是一条漫长的路，走得快，未必走得远；起步慢，也未必不能后来居上。

比如，托马斯·阿尔瓦·爱迪生（Thomas Alva Edison）小时候因为问题太多被老师断言为“低能儿”，甚至被劝退。但爱迪生的母亲却坚信自己的孩子没有问题，并做了一个影响爱迪生一辈子的选择：在家上学，亲自教爱迪生阅读、写作和算术，直到他十六岁。如果他的母亲当年选择了相信这番论断，任由“愚钝”这个标签将爱迪生的潜能埋葬，那么今天的世界将会是怎样的？正是母亲坚定的信任与不懈的陪伴，使得爱迪生得以在家庭中自由探索，最终成为点亮世界的人。

爱迪生的故事不是意在贩卖“天赋论”的奇迹，而是提醒我们，个体的发展，从不应被某一时刻的评价所限定。所谓潜能，往往隐藏于漫长的奋斗历程与无数次试错后的自我修正之中。

然而，在现实生活中，父母和老师有时过于依赖智商测试来衡量孩子的价值，而忽视了智商测试的局限性，似乎一个分数便能决定孩子一生的前途。这种机械化的测量，忽略了我所强调的“发展性”。智商并非一成不变，而是随环境变迁、经验累积与内心态度的调整而起伏成长的。

除了智力因素，一个人的性格特质与行为习惯，才是真正影响成就的核心。譬如，自信、坚韧、主动的态度，远比一纸测试成绩更能决定一个人能否走得更远。

我时常提醒年轻的父母，与其纠结孩子是否聪明，不如关注他们是否在一点一滴中学会了主动、坚持与合作。一个乐于收拾玩具、哪怕收拾得不够整齐的孩子，主动性与责任感，才是他未来成就的真正根基。反之，若父母只关注结果而忽视过程，便容易将孩子引向急功近利的歧途，最终让孩子迷失在虚妄的优越感中。

这种积极因素的积累，也同样适用于成年人的自我成长。以一名推销员为例，屡战屡败固然令人沮丧，但若他能在失败中反思总结，逐步找到自己擅长的客群与销售方式，那么，成就也不过是时间与坚持的奖赏。

在家庭关系中也是如此，夫妻间如果只盯着彼此的缺点，矛盾便会愈演愈烈；但若能善于发现并放大对方的优点，家庭的氛围自然会越来越好。这种积极关注，无论是对自己、对孩子，还是对伴侣，都是促进成长与实现成就的重要途径。

成就的关键不仅在于个体的天赋和努力，还在于对环境和机遇的敏锐度。然而，机遇并非从天而降，它往往只青睐那些自信满满、勇于探索的勇者。相反，那些习惯性自卑、缺乏自信的人，即便站在机会面前，也常因犹豫与退缩而错失良机。

更有甚者，将所有挫折归咎于运气不好，将失败视为命运的安排。这种“宿命论”不过是懦弱者自我安慰的假象。一旦个体失去改变自身的信念，便会陷入被动的恶性循环。

因此，在我看来，决定一个人成就的，并非先天的智商与所谓的天赋，而是能否在成长过程中，持续地激发与培养自身的积极因素。我关注的，正是这种由内而外的发展动力。

普通人也好，天才也罢，唯有在不断修正自我、主动承担责任的过程中，才能突破自卑，成就卓越。而父母、老师与管理者的职责，便是成为“润滑油”，助力个体在自我完善的道路上，平稳而有力地前行。

如此，每一个普通人都能活出属于自己的不凡。

03

勇敢选择，决定人生高度

人们总是喜欢把成就归结为天赋或智力，仿佛人生高度早已被出身与命运写好。然而，我始终坚持认为，真正决定人生高度的，是一种心理上的力量，一种面对挑战、失败与不确定性时，是否能选择迈步向前的能力。

勇敢，绝非狭隘意义上的无所畏惧。它不是徒手搏击猛兽的莽撞行为，而是面对内心恐惧、外界压力时，仍能坚持信念、行动不辍的内心力量。这种勇气，是在一次次挫折与失败中锤炼出来的，是在日复一日的努力与坚持中成长出来的。

我曾见过许多自称聪明的人，因害怕失败，迟迟不敢踏出第一步；也见过无数天资平平的人，凭借着一股“我偏要试一试”的执着，最终取得了令人惊叹的成就。由此我确信，勇敢，才是人生真正的分水岭。

勇敢的反面，是懦弱。懦弱者并非生而胆怯，而是缺乏应对失败与挫折的心理韧性。他们过度敏感于他人的评价，害怕出丑、害怕受伤，宁愿躲在自我设限的安全区里，将一切机会拒之门外。

过度保护与溺爱是造成懦弱的根源之一。有一位来自米兰的十五岁少年，他体弱多病，患有哮喘，从小在父母与祖父母的呵护中长大。他们担心少年会因运动而加重病情，便剥夺了他与同龄人玩耍、锻炼的机会，甚至连最基本的家务也不让他沾手。十五年来，他逐渐变成了一个对生活毫无兴趣、性格孤僻、生活能力极差的人。心理医生鼓励他独立参加城市里的青少年活动，但他却要求父母接送他，理由是走路太累，还要求父母给他买一辆崭新的自行车。心理医生又建议他参与家中的劳动，比如修剪草坪，他又以修剪时的碎屑会诱发他的哮喘、割草机的冲力过大他无法掌控为由拒绝。无论心理医生提出什么建议，他总能找到理由反对，并认为自己无法做到。表面上，他是在拒绝活动，实则是用种种“合理”的理由掩盖内心的怯懦。这便是懦弱最真实的面貌，害怕失败、害怕暴露自己的无能，索性先否定自己，以回避未知的风险。

另一种造成懦弱的根源，则是长期的打压与否定。那些在家庭或学校中备受批评的孩子，那些在社会中屡屡被打击的人，往往会形成极低的自我评价，变得消极、压抑，缺乏自信。他们总是习惯性地低头、沉默，避免与人对视，脑海中充斥着“我不行”“我会失败”的念头，最终在懦弱的泥潭中越陷越深。

然而，懦弱并非不可改变。勇敢与懦弱，都是人对环境的反应，是一种心理态度，而不是天生的定数，关键在于我们选择什么样的方式回应外界的挑战。

勇敢的人，懂得将失败视作成长的必经之路。他们不会因一次跌倒就止步不前，而是带着反思与修正，继续攀登高峰，这就是所谓的“勇敢的人先享受世界”的态度。因为他们敢于迈出第一步，敢于在跌倒后爬起，才有机会站上高处，俯瞰更广阔的天地。

懦弱的人则不同，他们习惯性地在开始前就想象失败的种种后果，被“还未发生的恐惧”束缚，最终止步于山脚。这种未战先怯的心态，才是真正的失败之源。

勇敢，并非一蹴而就的品质，而是可以通过一次次小的胜利积累而养成的习惯。任何性格特质，都不是与生俱来的，而是在特定环境与经历中逐步塑造的。一个贫民窟的孩子，非常热爱足球这项运动。但因为贫穷，他害怕他人嘲笑他的破鞋和奇怪的跑步姿势，常常只敢在场边的角落里默默观看，等比赛结束，球员们都走了，他才跑到场上模仿踢球的动作。某日训练时，因队员受伤缺人，球员们邀请他替补上场，他起初怯懦地拒绝了，但经过再三邀请，他终于鼓起勇气尝试。毫无疑问，他踢得很糟糕，但他却真正感受到了踢球的快乐。为了追逐这份喜爱，他开始利用空闲时间打工赚取练球的费用，经过半年的积攒，他终于得以加入球队，并得到了队员们的认可。正是这一次小小的勇敢，成为他人生的转折点。

由此可见，勇敢的种子，往往藏在那些“愿意尝试”的瞬间。每一次战胜恐惧的时刻，都是勇敢的积累。

对于孩子而言，勇敢的养成尤为关键。这不仅需要家庭与学校的耐心引导，更需要在生活的细节中，一次次提供可以成功的体验。合理的目标设定、持续的鼓励与认可，能让孩子在不断尝试中积累信心，逐渐将勇敢内化为性格的一部分。

一个人内心的力量越强大，便越有勇气去相信自己。而这种相信自己的信念，正是勇敢的根本。

那么，决定人生高度的是什么？是选择。是选择停留原地，还是选择继续向上攀登。停下，并非懦弱，但那意味着你已接受当前的局限，而继续前行，则意味着你愿意面对失败的风险，承担由此带来的后果。这需要勇敢，而只有真正的勇敢，才能让人抵达更高、更远、更无畏的境界。

勇敢，是人生高度的起点，也是贯穿一生的修炼。

04

提高专注力，是终结内耗的开始

专注力是一种极为重要的人格特质，无论是求学求知、职场奋斗，还是人际交往，其强弱几乎直接关乎一个人能否圆满达成目标。

然而，专注并非天赋。每个人都有专注的能力，只不过程度不同，方向各异。人们常常误以为注意力不集中是“笨”“懒”“自制力差”，却忽视了专注的本质，它来源于兴趣与动机，是一个人想要与某件事情建立联系的内在意愿。

当我们对一件事真正感兴趣时，大脑会自动屏蔽外界干扰，知觉器官彼此协作，全力投入。例如，一个孩子在搭积木时，哪怕周围再吵闹，他也能心无旁骛。这种沉浸式的专注，恰恰是因为兴趣驱动了他的内在意愿。

反之，如果一个人对某件事毫无兴趣，专注便无从谈起。许多家长抱怨孩子“看书三分钟，跑神两小时”，却未曾想过，是孩子压根儿对那本书缺乏兴趣。不是孩子无法专注，而是孩子拒绝将注意力投注在他认为“无趣”“无用”的事情上。

因此，提升专注力的第一策略，便是激发兴趣。没有兴趣的强行专注，不过是被动的忍耐，效果自然不佳。家长与老师如果善于将学习内容巧妙趣味化，或是融入孩子的生活经验，便能大幅弱化孩子的抗拒心理，有效激发他们的专注力。

当然，专注力的形成也离不开良好的习惯。大脑与身体一样，具备惯性。一个孩子在幼儿时期，如果频繁被打扰、被呵斥、被大声惊吓，他的大脑往往处于高度警觉、防御的状态。这个孩子会习惯性地分散注意力，以应对随时可能到来的惊吓与责备。久而久之，他便难以将精力集中于某一件事上。

因此，孩子专注于某件事时，大人应尽量避免打扰他，无论是阅读、绘画，还是搭积木，专注本身便是一种沉浸式的“心流体验”，它能带来深层次的满足感与愉悦感。而这种满足感，正是专注力得以维持与提升的动力。

我还发现，兴趣与安全感在专注力的形成过程中起着至关重要的作用。若一个人时刻处于紧张与不安中，哪怕对某件事感兴趣，也难以维持长时间的专注。譬如，一个在家庭中屡遭贬低、打击的孩子，他的大脑被迫处于随时提防的状态，哪怕坐在书桌前，也会不断分心，难以沉浸于学习中。因此，打造一个让人感到安心、包容且充满支持的空间，是帮助我们更好提高专注力的重要基础。

此外，感官的敏锐度也影响着专注力的方向与质量。每个人的感官优势不同，有人目光敏锐，善于观察；有人耳力出众，擅长聆听；有人嗅觉灵敏，能够从气味中获取大量信息。但如果这些感官没有被兴趣激发、被正确引导，便难以转化为持久而高效的专注力。

我曾遇到一位母亲，苦恼于孩子丢三落四，他要么忘带作业本，要么弄丢了课本。这位母亲怀疑自己的孩子可能有记忆障碍或学习障碍，甚至想带他去做智力测试。但在深入了解后，我发现，这个孩子在学校里缺乏归属感，觉得自己融不进去，因此对学习内容缺乏兴趣，进而对与学校相关的一切都不上心。丢三落四，实则是一种心理抗拒的外在表现。

我建议这位母亲不妨从孩子喜欢的事情入手，培养他的责任感与专注力。孩子喜欢养小动物，于是母子俩一起养起了仓鼠。起初，孩子也常常忘记喂食，但在母亲的耐心引导下，他逐渐对仓鼠投入了真情。为了让小仓鼠生活得更好，孩子开始主动查资料，学习饲养技巧。这个过程中，他的专注力被唤醒了。渐渐地，他对学校的态度也有了转变，丢三落四的情况明显减少。

由此可见，专注力并非天赋异禀，而是可以后天培养的能力。而培养专注力的关键，便在于兴趣的激发、安全感的营造与习惯的养成。

需要特别注意的是，如果长期缺乏正确引导，专注力可能会像脱缰的野马偏离原本的成长轨道。譬如，有些孩子沉迷于网络游戏，表面看似专注，实则是一种逃避现实的防御性投入。这种虚假的专注，并不能带来真正的成长，反而会削弱个体与现实世界建立积极连接的能力。因此，我们应当警醒，专注的方向比专注本身更重要。真正有价值的专注，能带我们走向成长、建立深度联结并激发创造力，这种力量让每个人都能持续突破自我，活出更有意义的人生。

专注力的培养，同样适用于成人。在工作中，许多人抱怨注意力难以集中，但若追溯根源，往往是因为他们对当前工作的价值感知不强，或者缺乏自主掌控感。当一个人感受到自己在做有意义的事，且拥有一定的决策权时，专注力自然会大幅提升。

当然，提升专注力，绝非训诫与强制所能奏效，它需要被悉心呵护的兴趣、被温柔承接的情绪、被正向反馈滋养的习惯共同作用。唯有如此，一个人才能在与世界的深度联结中，激发出真正的专注与创造力。

而这种从兴趣出发、以成长为目的的专注力，正是一个人实现卓越的基石。

不内耗小锦囊

◆ **为什么一个人的站姿、神情、说话方式，能反映内心的“剧场”？**

因为身体不会说谎，外在动作是内心信念的投影。你以为是在“表现自己”，其实是在“掩饰自己不想被看穿的脆弱”。

◆ **阿德勒告诉你：**

人格是整体，行为只是冰山一角

别盯着“他站得直不直”，要看“他为什么非得站得那么直”。

第一印象没错，但第二反应更关键

面对别人的一句质疑，他是自卑逃避，还是愈挫愈勇？这才是真性情。

孩子的沉默、成人的焦躁，背后都是“被忽视的需求”

不是他不行，而是没被正确理解，错误的标签比问题本身更伤人。

反内耗行动清单：

√ 练习“第二次观察”——看到一个举止异常的人，别急着评判，先问自己：“他为什么要这么做？”

√ 面对“总爱解释、反复强调”的人，学会温和回应他的不安，而不是用冷漠打压他。

√ 父母多看孩子“为什么沉默”，少急着说“你就是内向”，找到背后的故事才是对孩子真正的帮助。

√ 观察自己：什么时候会下意识挺胸抬头、加快语速？那个瞬间，你在害怕什么？

√ 日常练习“正向反馈”——看到他人一点点进步，就给予具体的肯定，帮他人也帮自己打破“自卑循环”。

记住这句话：

看清自己，也要看懂别人。外表是线索，本心才是答案。

第九章
内耗的反面，不是摆烂，是自洽

——找回心灵的平衡感

01

平衡心灵世界的关键

动物与植物的最大不同，正是因为心灵的存在。植物扎根于土壤，不具备运动能力，心灵活动自然也无从谈起。即便假设一株草能生出“被踩踏”的忧虑，然而因其无法行动，这份忧虑也只能是徒然的思考，无法转化为实际的应对。因此，植物不需要心灵。

而动物则不同。由于具备移动能力，动物必须时时刻刻应对环境变化，解决生存中的种种问题。这种需求促使动物发展出了心灵，去实现感知、判断与行动的统一。于是，“能动性”与“拥有心灵”之间，便形成了必然的因果关系。

这种因果关系不仅区分了植物与动物，也成为衡量人类心灵活性的标准。如果一个人的所有行为都能被准确预测，那便意味着他的心灵活性已经趋于停滞，失去了成长的活力。然而，大多数人并不愿意接受心灵的僵化。正因为心灵生来就是为了适应环境、解决问题，它天然就具备不断运动、不断变化的特质。这种动态性，使得心灵得以进化，也让人类超越了其他动物，成为地球上最具智慧的生命体。

我认为，人类心灵活动的终极目标，是保障自身的生存与发展。我们并非漂浮在现实之外的存在，而是深深扎根于宇宙、自然、社会之中。法律、信仰、禁忌、教育等维系社会秩序的规则，反过来也影响着我们的心灵，塑造了我们的责任感、忠诚、诚实等品格。换言之，社会规则既是心灵的限制，也是心灵成长的土壤。

人类的心灵活动，大多是为了弥补自身的不足，追求内心的安定与幸福。这种追求，体现在对未来的预测、防范与实践之中。达尔文指出，动物之所以群居，是因为自然选择赋予了它们通过群体协作弥补个体生存劣势的社会本能，人类亦然。面对自身的脆弱，唯有依赖同类、融入社会，才能获得优越而稳定的生存环境。因而，社会规则不仅是外在的约束，更是心灵发展的风向标。

如果有人试图将心灵世界与社会割裂，他所面临的将是无根之木、无水之鱼般的失衡。心灵活动脱离社会，便失去了存在的意义。我们要理解，社会规律并非束缚心灵的枷锁，而是指引心灵走向和谐的路径。

每个人都渴望安全感。这种心灵安全系数，就像机器上的安全指标，代表着个体在特定环境中的最优状态。一旦问题超出了我们的能力范围，心灵的安全系数便会亮起红灯，驱使我们逃避；而一旦我们成功跨越难关，这个系数又会适时调整，激励我们勇敢迎接新的挑战。

有一个实验是让孩子拿到高处的糖果，为此他必须翻越一道障碍。最初，他轻松得手，便自信满满地认为这些障碍对他毫无威胁。然而，当他遇到更高、更难以逾越的阻碍时，他失败了。于是，他的心灵开始调整安全系数，提醒自己“这很危险”，下次便会选择绕道，甚至干脆放弃目标，以“我其实不喜欢那个口味”为借口，逃避再次尝试。这样的孩子，如果不加以引导，长大后往往会悲观、怯懦，将自己困在“做不到”

的思维牢笼中。

然而，这种安全系数并非一成不变。随着一个人能力的提升、经验的积累，心灵会不断调整其评判标准。如果有一天，这个孩子重新尝试，并成功翻越障碍，他便会在心灵中铭刻下“我做到了”的积极记忆。这种记忆，会在未来的挑战中为他提供信心与勇气。

记忆，是心灵的重要工具。它不仅记录了过往的经验，更通过情绪影响着我们的当下与未来。当遇到挫折时，悲观的记忆会放大我们的无力感，使人消极退缩；而那些与希望、成功相伴的记忆，则能唤起积极的力量，帮助我们跨越眼前的困难。

有一个三十岁的男人，事业上取得了很大的成功，还有一个在旁人看来无可挑剔的未婚妻。他却总感觉生活没有希望，并强烈质疑未婚妻的忠诚，甚至想用攻击性的态度毁掉双方的关系。这种做法给他自己带来了很大的伤害，让他一度陷入痛苦中无法自拔，甚至危及了自身健康。当我们为这个男人的生活方式建立分析模型时，发现他在生活中，总有毁掉任何有可能对他形成影响的关系的倾向。包括友情、爱情和亲情，但凡他察觉到彼此间的关系开始紧密，就想方设法地去制造矛盾。而他对亲密关系的怀疑，源自幼年时他被忽视的经历。四岁的他想要得到父母的关注，可总是因为这样那样的原因失望而归，为了逃避失望带来的挫败感，他便开始尽力回避任何让他期待的关系。他成年后不断破坏亲密关系是因为不断启动早期记忆和心灵模式，造成了自我心灵世界的失衡。

个体在成长的每个阶段都有其特定的心理需求和挑战，而童年时期的经历，尤其是早期记忆，对成年后的行为模式和情感发展具有深远的影响。然而，我们更应明白，记忆本身并非命运的枷锁，关键在于，我们是否相信“我”有能力改变。

人类通过心灵活动设定目标，以应对环境的不确定性。然而，如果心灵长期被错误的早期记忆和心灵模式所主导，便会误导我们的判断，导致行动偏离最初的方向。要想打破这种循环，需要唤醒个体“我”的力量，用有意识的行动去修正心灵的偏差。

想要实现心灵的平衡，切不可妄图逃离宇宙、自然与社会。心灵活动本就依赖于这些外部环境，若试图孤立存在，只会陷入更深的失衡。正如人类无法凭空飞翔，但可以通过技术去探索宇宙，心灵亦需在规则之下寻求突破。

我始终相信，任何心灵反应都不是最终的答案。只要个体愿意行动，便能跳脱早期记忆的桎梏，保持心灵的运动性，走向更广阔的和谐之境。

02

寻找内心的渴望与方向

人类的心灵活动，必须在社会规则与现实环境的框架下展开。正因如此，个体的心灵世界始终与社会生活密切关联，呈现出复杂和动态化的特性。世上不存在两片完全相同的树叶，同样，也不存在两条完全一致的心灵轨迹。看透他人内心固然艰难，许多人甚至终其一生也难以真正了解自己。

有一个出身名门望族的男人，年少时就习惯了依赖他人解决问题，然而家道中落后，以往经常对他施以援手的兄弟变得不耐烦，骂他是个连工作都找不到的笨蛋。这个男人受此打击后就开始酗酒，几个月后他成了一个真正的酒鬼，不得不进入精神病院进行戒酒治疗。两年后，他鼓起勇气重返社会，但依旧找不到工作，还总是遭到他人的嘲笑。最终，他的人生因为找不到方向、寻找不到意义彻底陷入困顿，他更加肆无忌惮地酗酒闹事，还会时不时产生幻觉，诱发了严重的精神病症。显然，这个男人的人生，表面上是毁于酒精，根本原因却是他的心灵失去了方向。

心灵，是我们一切行为的旗帜。当内心没有明确的目标与方向时，人生便会陷入迷茫的旋涡。正如生长在山顶和谷底的松树，其姿态必然因所处环境的差异而各自不同。人的行为习惯，也正是其心灵轨迹的映照。尤其是在困境中，个体独特的性格与态度才会愈发显露。

为了解开这个男人心灵困顿的难题，我们对他解决难题时的行为习惯进行了调查。最后发现，这个男人从小就备受宠爱，生活中处处都有家人的帮助，成长过程中几乎不曾独立解决过难题。长大后的他遇到难题也总想着依赖他人解决，从未想过独立工作。他因此形成了依赖他人的生活风格，这成了他心灵迷失的根源。

可见，早期成长环境与记忆，对一个人的行为模式影响深远。如果想探寻一个人的内心渴望，追溯其早期记忆，往往能够拨开迷雾，窥见本质。

另一位中年男人，性格孤僻，厌恶社交，怀疑一切，却又一心渴望干出一番惊天动地的事业，也因此长久处在巨大的压力之中。他原以为自己内心最渴望的事是成功，只有拼命领先他人才会获得优越感。但根据他对早期记忆的零星描述，我们发现他在幼年时，很介意母亲更喜欢弟弟。在他看来，不管是去市场还是其他地方，母亲总会优先考虑弟弟的需求。比如一个雨天，母亲本来在抱着他行走，但在看到走廊里的弟弟后，就立马放下了他并走向前抱起了弟弟。这一刻的失落，深深烙印在他的心灵中。自此，他便养成了在社交场合中下意识竞争的习惯，渴望通过表现来赢得别人的关注。然而，每当他察觉自己被冷落时，便会陷入强烈的自我怀疑与攻击性防御之中。

他所谓的讨厌社交，实则源自对被忽视的恐惧，而他表面上的追求成功，也不过是渴望关注的一种变相表达。

这说明，早期记忆并非真正导致迷茫的原因，而是揭示内心真实渴望的重要线索。一个人如果能正确看待这些记忆，便有可能跳脱其束缚，走上积极的自我重塑之路。

曾有一名患者，少年时经常被父母暴打，逃跑时摔进河里差点淹死，长大后总是足不出户。在接受心理医生治疗之初，他认为自己的出行障碍源自那次危险经历，很长一段时间内，他都将抚平年少时的创伤当作方向，想以此换得他今后不会在外出时感到不安。但诸多努力并没有缓解他的不安，他依旧不愿意出门，他为此无比绝望，甚至濒临崩溃。

在我看来，行为本身就是态度的表达。这位患者的“宅居”行为，其实反映了他对生活的某种拒绝。换言之，他的真正问题，并非那次溺水带来的创伤，而是他内心深处“逃避现实、拒绝成长”的态度。而那段记忆，只是他用来掩饰内心真实渴求的借口。

类似的误区屡见不鲜。许多人将早期记忆当作无法改变的宿命，任由其主导自身的生活方式，却未曾反思，真正决定人生走向的，恰恰是当下的选择与行动。

在社会普遍观念中，勇敢被视为一种美德，而内向与害羞则往往被误解为缺陷。许多家长与老师，将孩子的内向与胆怯视作需要被纠正的性格缺点。然而，事实远非如此，一个人的生活风格，本无优劣之分，关键在于其是否被赋予了正确的意义。

例如一个男孩不会游泳，和同伴一起下水游玩时差点淹死，因此对水产生了深深的恐惧。可是，有一次，他在遇到落水的小女孩，看到她生命垂危时，却毫不犹豫地跃入水中，将她救了起来。这一刻，他战胜了自身的恐惧，展现了非凡的勇气。这一行为，源自他内心更高层次的渴望——守护他人。可见，内向与害羞，并不意味着懦弱。相反，当一个人的内心渴望被唤醒时，他同样能够爆发出强大的行动力。

生活风格诚然能反映个体的内心渴望，但它并非不可更改。当一个人有意识地采取积极行动，心灵的方向也会随之调整。

在维也纳的一家剧院里，曾发生过一次大火，只有少部分人在事故中死里逃生。一个男人在逃生后，选择了积极的人生态度，他认为自己之所以幸存是得到了上帝的庇护，是为了让他完成更加崇高的使命。在这种积极暗示下，他一度顺风顺水。不过后来他经历了婚姻的失败，接着立马产生了自我怀疑，并由此一蹶不振，对生活失去了希望。由此可见，寄托于“宿命论”的人生观，虽能短暂提供慰藉，却无法真正赋予生活以意义。

任何时候，我们都应牢记，人是拥有自主行动的力量的。一个孩子在幼年时目睹亲人离世，如果他能赋予这一经历以积极的意义，便可能将对生死的感悟转化为对医学、科学、哲学的浓厚兴趣，进而在这些领域有所建树。而他如果沉溺于亲人离世带来的创伤，无法转化这些经历，就可能走向自怜自艾，甚至伤害他人的极端道路。

真正决定一个人命运的，不是那些无法更改的过往，而是他是否愿意将经历转化为对他人有益的行动。

总而言之，早期记忆是了解内心渴望的重要线索，但绝非人生的枷锁。只有赋予生活以积极的意义，采取面向社会、面向他人的行动，一个人才能走出自我设限的迷宫，找到真正的自我。

03

了解自己，不能被情绪牵着跑

每个人的内心深处，都存在着一个整体人格的“雏形”，也就是心理学所称的“原型”。这种原型在生命的早期，尤其是儿童时期，便开始萌芽，它是个人生活风格的最初模样，影响着性格的塑造，甚至对整个人生轨迹起着决定性作用。

如果把一个人的生活风格比作一颗成熟的果实，那么“原型”便是这颗果实尚未成熟时的模样。它会在成长过程中吸收来自家庭氛围、成长环境、早期经历等外界的影响，逐渐形成我们所看到的性格与行为方式。因此，原型虽然隐秘，却远比表面的生活风格更为本质、更具解释力。

原型来源于个体早年的成长环境，但即便是同一个家庭内，孩子们的原型也会因出生顺序、角色、待遇的不同而各异。举例来说，家庭中的长子，在最初的几年中享受着父母全部的关注和宠爱，然而当弟弟妹妹出生后，他往往会感受到失落。于是，竞争、孤独感、被取代的焦虑，便成了他性格原型中的底色。

有一个男孩是家中的长子，在弟弟出生后，就一直有被家人忽视的感受，于是他将这种不安植入了自己的原型当中。十七岁那年，他尝到了原型错误带来的苦果。他懒得做出任何努力，学业无成，也不愿去工作，对世界满腹牢骚，甚至想要结束自己的生命。然而，在他决定自杀的前一天晚上，他梦见自己枪杀了父亲。这个梦境，揭示了他对父亲不再那么宠爱自己的不满——相比对自己的厌恶，他对父亲的怨恨更为强烈。

类似的例子还有成长在“重男轻女”家庭的女儿，也常会在原型中埋下性别自卑的种子。长期被忽视、贬低的经历，让她们在性格上表现出优柔寡断的特征，甚至幻想“如果我是男孩，就会被重视”。反之，那些在女性占优势的家庭中成长的男孩，可能会出现模仿女性的行为、爱好，渴望摆脱男性角色赋予的责任与期待。

再看家庭中的次子。他从出生起便知道，自己并非父母唯一的孩子，身边的哥哥或姐姐往往在体力、智力上优于自己。

因此，他会在原型中形成一种“与前方对手竞争”的倾向。为了获得关注，他学会了奋起直追，甚至挑战权威。典型的次子性格，总是把人生看作一场永无止境的追赶比赛。

最小的孩子，往往因备受宠爱而在原型中形成“自我中心”的认知。他们从哥哥姐姐的身上学习如何吸引关注，也更容易体验到成功的快感。《圣经》中的约瑟便是如此，尽管他有个弟弟，但弟弟出生时他已十七岁，其性格原型早已定型，在他成长的过程中，其实是在扮演幼子的角色。这使他梦想着成为兄弟中的佼佼者，甚至在梦中也渴望自己的荣耀凌驾于他人之上。

现实中，也有这样的例子。一位男子在三十二岁那年患上了癔症性失语症，整整两年只能发出微弱的声音。一次意外摔跤后，他又被出租车撞到，从此失去了语言功能。喉科专家为此苦恼，从医学常识上来看，他的伤势至多会让他患上脑震荡，但不会影响他说话。为此，他建议男子通过心理治疗来改善他的失语症。在治疗过程中，男子根据提问描述了一段自己关于摔跤的早期记忆。他记得五岁那年，自己从六米多高的楼梯上摔下来，疼痛和害怕让他五分钟都说不出话来，这吓坏了他的母亲，从此更加无微不至地关怀他。但谈及此事，他在描述中加入了责备："妈妈并未好好照料我。"这段记忆深植于他性格原型之中，使他潜意识里将"失语"与"获得特殊关爱"联系在一起。成年后，他仍试图用同样的方式操纵他人的愧疚与关注。

这些案例表明，早期记忆是性格原型形成原因的重要组成部分。一个人之所以记住某些特定事件，并赋予其特别的意义，正是因为这些记忆满足了他们对于自我认知与优越感的建构需要。胃弱的人会记得关于食物的故事，眼疾患者则对色彩细节印象深刻，被忽视的长子往往铭记弟弟妹妹诞生时的失落，被排挤的孩子则忘不了被孤立的羞辱。这些记忆不仅塑造了一个人的生活风格，也成为了解他们性格的关键线索。

需要特别指出的是，记忆本身并非客观事实的简单复现，而是一个人基于主观体验所做出的选择性诠释。悲观者的记忆中充斥着失落与失败，乐观者则倾向于铭记成功与希望。相同的经历，在不同人眼中，可能得出截然相反的结论。通常，改变一个人对记忆的态度，便能重塑其生活风格。一个原本郁郁寡欢的人，通过回忆起自己的闪光时刻，也许就能走出阴霾，焕发新的生命力。

一个女孩是家中最小的孩子，在她出生之后，哥哥姐姐都认为她漂亮可爱，经常向他人炫耀。可在女孩的记忆里，这种炫耀是一种痛苦，姐姐总是强迫她把自己的名字告诉她的同伴，或者做出一些事博得他人的欢笑。这让她难堪，变得不愿意说话，最终变成了一个结巴，无法和其他人正常交流。如果她能够重新审视那段记忆，理解哥哥姐姐的"炫耀"其实是出于对她的爱，那么，她的生活风格便不会朝着自我封闭的方向发展。

所有原型与早期记忆的背后，归根结底都出于对优越感的追求。无论是逃避、竞争、以自我为中心，还是自我伤害、表面上各异的生活方式，其实都是一个人在追求优越感目标时的不同表达。

因此，通过对原型的观察，我们不仅可以理解一个人当前的生活阶段、面对问题时的思维模式，也能大致预测其未来的行为倾向。尽管这些预测并非“命运注定”，但足以为一个人成长提供参考。

当然，原型并非人生的终局。它只是一个人早期性格的雏形，未来的走向仍取决于一个人的自我认知、兴趣方向与统觉系统。遗传因素、成长环境固然重要，但起决定性作用的，始终是个人对这些因素的态度与回应。

一个人的将来，从不是注定的，而是可以被改变的。

不内耗小锦囊

◆ 为什么很多人总是内心失衡，在情绪、关系、人生目标上反复挣扎？

因为他们误以为心灵世界是可以脱离现实环境单独存在的，把社会、他人、环境当作敌人，反而迷失了自己。你不是没有力量，而是被“早期记忆”绑架，忘了心灵是用来行动的，不是用来躲避的。

◆ 阿德勒提醒你：

心灵不是自我幻想的孤岛

心灵的本质，是为了适应环境、解决现实问题。脱离社会的“自我平衡”，只会让你越活越虚无。

记忆不是枷锁，是你性格的地图

早期记忆影响了你的生活风格，但它们从来不是“命运的判决书”，而是指向内心渴望的线索。

追求优越感是人的本能，关键在于“怎么追”

逃避、过度竞争、以自我为中心……都是“走错了路”的优越感。只有在对社会的奉献中，才能找到真正的自我价值。

反内耗行动清单：

√ 面对内心的“不安”，先问自己：“我是在适应环境，还是在逃避环境？”

√ 记录自己反复出现的记忆片段，学会辨别哪些是原型错误在作祟。

√ 当觉得“全世界都对不起我”时，反过来试着去帮助别人，哪怕是一件小事。

√ 每个月，给自己设置一个“现实小目标”，把对心灵的想象转化为具体行动。

√ 放弃“别人应该怎样对我”的幻想，改成“我能为别人做什么”，这是找回平衡的最快路径。

记住这句话：

心灵的平衡，不靠逃避现实来“净化”，而靠与世界的真实融入。

第十章

生活好不好，关键在于你有没有“反内耗体质”

——把思维模式从内耗转向成长

01

生活品质的核心，是心态的稳定

人的一切行为，无非是其生活习惯的表现。所谓习惯，不过是一个人在应对生活中种种困境时，所养成的一套固定反应。只不过，这些反应一旦固化，便会深深烙印在我们的日常生活之中，影响着一生的走向。

如果想理解一个人的生活习惯，便不能脱离他所处的环境。家庭的氛围、社会的风气、文化的规训，都是塑造生活习惯的重要因素。譬如在大草原上生长的鹿，自幼享受充足的食物与安全的庇护，便习惯了从容自若、悠然自得；而在崎岖山地、险象环生的环境中长大的鹿，则时刻警觉、动作敏捷，它的每一次觅食、每一步行走，都因生存的压力而变得小心翼翼。

动物尚且如此，人更是如此。只是对人而言，影响生活习惯的，不仅是自然环境，更有社会秩序与文化期待。一个重视个人成就与竞争的社会，往往催生出快节奏、效率至上的生活习惯；而一个崇尚和谐与集体的社会，则更强调人际关系的融洽与合作。

然而，习惯的形成，并非简单的行为重复，而是一个人对环境应激反应的长期累积。每一个看似下意识的举动，背后都隐藏着他对自身价值的判断、对生存安全的考量，以及对未来前景的投射。

譬如，一个自幼在温暖家庭中成长的孩子，习惯了被倾听与被认可，往往对外界充满信任，面对挑战也能保持从容；而一个自小在冷漠、批评中长大的孩子，则容易陷入自我怀疑，对世界心存戒备。这些习惯，一旦根深蒂固，便会在逆境中暴露无遗。

有人或许会问：“只有经历逆境才能看清一个人的真实习惯吗？”诚然，顺境之中，生活习惯往往隐而不显，在风雨飘摇之际，一个人应对困境的方式，才能显露端倪。但这并非绝对，敏锐的观察者在平凡的日常中，也能洞察到一个人行为的根源。

当我们看到一个人在压力面前退缩、逃避，或是在挫折中愈挫愈勇，实际上看到的，正是他早年生活习惯的具体展现。这些习惯，既是他对童年环境的回应，也是他试图在成人世界中复制安全感的方式。

然而，我们必须意识到，习惯并非不可改变，所有由人力创造出的事物，也都能通过人力进行改造。但是，改变习惯的前提是自我觉醒。如果不正视一个人形成这种习惯的心理动因，只凭外力强制改变这种习惯，多半只会徒劳无功。通常人们只有在如生病、失恋、家庭变故等重要生命节点时，才会被迫反观内心，重新审视自己的生活方式。

譬如一名大学生，他平时表现得非常冷静、自律，校园生活也按部就班，准时上课、积极参与社团活动并且保持优异的成绩。然而，当这名学生突然遇到家庭经济危机时，他的生活习惯可能会发生显著变化。这名学生可能会表现出他平时隐藏得很好的应对机制。比如，他可能会突然开始节衣缩食、减少社交，甚至夜不能寐。这些变化都是因为突变的环境刺激了他原本潜藏的应对机制，揭示了他平时隐藏在冷静、自律表面下的内在脆弱和焦虑。这便是习惯的“原型”在新情境下的显现。

更深层次地说，每一个坏习惯背后，都有其求生的初衷。那些倾向于逃避和依赖他人的人，可能在童年时期经历了多次独自面对失败的挑战，从而产生了畏惧心理；而那些表现出争强好胜、凡事争先的行为的人，可能是在家庭或兄弟姐妹间的竞争环境中成长，只能通过不断争取来获得关注和认同。

若认不清这一点，往往就会把坏习惯片面地视为个人品行的瑕疵，而忽视了它们与成长环境之间错综复杂的联系。

有这样一个年轻人，他从小在一个被过度保护的环境中长大。他的父母总是为他解决所有的问题，从小事到大事，他们都不让他独自应对。这种环境使得他形成了一种习惯，即一旦遇到困难，就立刻寻求他人的帮助，而不是尝试自己解决。在学校里，他常常依赖同学或老师的帮助来完成作业和应对考试，他从不尝试自己去理解难题或克服学习上的障碍。即使在体育活动中，他也总是依赖队友，而不是自己努力提升技能。久而久之，他缺乏了主动解决问题的能力和自信。

随着年龄的增长，他进入了大学和职场，他依然保持着这种行为模式。当面对学术挑战或工作压力时，他感到无所适从，不知道如何独自解决问题。他频繁向朋友、同事甚至上司寻求帮助，而不是自己想办法解决。这种依赖行为使得他无法独立面对生活中的种种挑战，导致他在职场上表现不佳，频繁换工作。在人际关系上，他也因为过度依赖他人而遭到排斥，朋友和同事渐渐疏远他。

实际上，他不是不愿努力，只是从未学会自力更生这一行为方式。此时，如果我们一味斥责他“懒惰”“无能”，不仅无济于事，反会加深他的自卑，让他在融入社会这件事上更加退缩。我们只有帮助他理解了自身行为的成因以后，才能逐步修正他的生活习惯，重塑他的行为模式。

需要明确的是，改变一个人的旧习惯绝非一蹴而就之事，这需要他在反思中觉察，在觉察中选择，在选择中坚持。每一次微小的改变，都是对固有模式的一次挑战。久而久之，才能养成新的习惯，生活品质也会随之水涨船高。

由此可知，生活习惯绝不是天生注定，而是选择的结果。正视自身习惯的来由，理解其与成长环境的关系，才能在理性与温和中，逐步实现从生活习惯到生活品质的转变。

02

为自己、为他人的好习惯，能帮助你摆脱内耗

既然生活习惯深刻影响着人生轨迹，那么，什么才是健康的生活习惯？与那些问题重重的习惯相比，健康的习惯究竟有何不同？

首先要明白，标准的生活习惯不是某种一成不变的教条。分类、归纳、总结，仅仅是为了帮助我们理解人类行为的复杂性，而非将人僵化地划分优劣。每个人的生活习惯都带有独特的印记，任何分类都只是一个方式，而不是标准答案。

例如，我们习惯将社会性差的人归类为“回避型人格”，但当你深入观察便会发现，有些人虽在人际交往中显得退缩，却在面对学术、艺术、机械制造等特定领域时，能展现出极高的专注与热情。表面相似的生活习惯，实则来源各异、表现各异。正因如此，分类的意义不在于“贴标签”，而在于“理解差异”。

那么，健康的生活习惯具备哪些核心要素？

第一，是积极应对生活挑战的能力。心理健康的个体，并非没有焦虑、恐惧、失败的经历，而是在这些经历中，学会了如何合作，不仅与他人合作，也与环境合作，最重要的，是与自己的内心合作。他们能够以一种勇敢且现实的态度，面对生活中的种种问题，而非一味逃避。

第二，是具备为他人、为社会做出贡献的意识。一个人若只关注自我，终将陷入孤立与自怜的恶性循环。只有当他愿意主动去关注他人的需求，去为集体、为社会尽一份力时，他的生活才会获得更高层次的满足与价值感。

反观那些生活习惯出现问题的人，他们往往缺乏上述两项能力。

以一位年过三十的女人为例，按理说，这个人生阶段的社会关系应该是多元且丰富的，包括朋友、家人、同事，甚至可能有伴侣和孩子。然而，她只是表面上维持了井然有序的生活，实际上她在面对任何稍显复杂的人际互动时，都会感到极度紧张。与朋友相处时，她无法放松，总是字斟句酌，生怕自己说错了什么；与家人的关系也十分疏离，她害怕与亲近的人深入交流，因为她总觉得自己不够好，随时会被嫌弃、被抛弃；在婚恋上，她也总显得犹豫不决，虽然会畅想未来，但却总认为自己很差劲，不会被别人爱上。

她的这种过度关注自我、不信任他人的心态，源自她幼年时期的经历：小时候，母亲偏爱弟弟，而她则被忽视，久而久之，她将“我不值得被喜欢”这一信念深埋心底，并在之后的成长中不断寻找“证据”去印证这份自我否定。

她渴望被接纳，但每当尝试与人靠近时，内心的恐惧与自卑便会涌上心头，使她变得局促、沉默，甚至在面对善意时也会怀疑别人的动机。她将自己困在了一个无形的牢笼中，而这个牢笼，正是由她自身固守的生活习惯筑成的。

她的例子清楚地展现了不健康生活习惯的特征：将所有注意力集中在自我身上，无法与他人建立良好的关系，更无法为他人、为社会做出真正的贡献。她在社交中的焦虑、在工作中的退缩、在亲密关系中的逃避，归根结底，都是缺乏社会兴趣的表现。

但是只要她愿意将注意力从“我是否被喜欢”转向“我能为他人做些什么”，生活的重心便会悄然发生转移。她需要学会关注他人的需求，体验到“贡献”所带来的满足感，从而逐步打破自我封闭的壁垒。

同样的道理，也适用于职场中的自卑者。一名销售员总觉得自己能力不足，面对客户时畏首畏尾，因此业绩平平。但当他开始尝试站在客户的角度思考问题，将“如何成交”转变为“如何真正帮助客户解决问题”时，他的心态发生了微妙的变化。随之而来的，是沟通方式的改善、客户满意度的提升，最终，他的销售成绩也水涨船高。这正是“从关注自我到关注他人”的转变带来的结果。

健康的生活习惯，并不是没有自卑、没有失败，而是拥有战胜自卑、面对失败的能力。而这种能力，恰恰来源于合作意识与贡献精神。

那些被困在“我不行”“我会失败”思维中的人，实则是被自己的恐惧裹挟。想要打破这种恶性循环，唯有在行动中，去验证“我可以为他人做些什么”，去积累“我能够解决问题”的正向经验。行动，才是治愈自卑、修正生活习惯的根本良方。

当然，一个人要想培养健康的生活习惯，仅有正确的认知还远远不够，他还需要一个良好的社会环境，需要来自家庭、学校、职场的积极引导与支持。这也是为什么，家庭教育中的过度保护与过度打压，往往是导致错误生活习惯的重要根源。

一个从小被父母包办一切、习惯性依赖他人的孩子，长大后很可能会缺乏独立面对问题的能力。而一个从小被批评、打击、缺乏正向反馈的孩子，则容易陷入自我否定的怪圈。这些错误的生活习惯，最终都会在成年后以各种形式表现出来，逃避、退缩、攻击性、冷漠、自怜……形式虽异，实则同源。

因此，一个人改变自己生活习惯的第一步，便是认清自己的行为是如何被早期经验塑造的。而第二步，则是将注意力从“我能得到什么”转向“我能为他人做什么”。只有这样，这个人才能逐步走出以自我为中心的狭隘思维，建立起与社会、与他人良性互动的关系，进而塑造出健康的生活习惯。

归根结底，健康生活习惯的两大核心要素：一是积极面对挑战，具备良好的社会适应能力；二是愿意为他人、为社会做出贡献。这两者相辅相成，缺一不可。前者是一个人立足社会的基础，后者则是一个人实现自我价值的途径。

只有当这两大要素同时具备，一个人才能真正摆脱内耗，走向内心的和谐与外部世界的融洽。

03

打造美好生活，从停止自我拉扯开始

所谓美好生活，绝不是浮于表面的安逸与舒适，更不是简单的快乐与成功，它的核心，在于通过养成健康的生活习惯，培养积极的心理状态，构建有意义的人际关系，最终实现个体与社会的良性联结。

但要走到这一步，并不容易。

我曾无数次接触过那些生活习惯出现严重偏差的人，他们或自怨自艾，或怨天尤人，或沉溺在自我否定的泥沼中无法自拔。面对这些人，许多人选择了批评、指责，甚至放弃。但我始终坚信，任何人，只要他愿意，都有机会打造属于自己的美好生活。

不过，改变的第一步，往往是最艰难的。因为我们每个人心中都盘踞着一头叫作“固有观念”的野兽，它来源于童年、家庭、社会评价，甚至是那些无形却根深蒂固的文化偏见。这些固有观念一旦形成，便会像滤镜一样，影响我们看待自己、看待世界的方式。

我见过一位工程师，他能力不差，却始终活在“我不是这块料”的阴影之下。每逢新项目，他都畏手畏脚，仿佛失败已是命中注定。久而久之，他真的开始频繁出错，最终被同事冷眼相待。可当我与他深入交谈后才发现，他的“我不行”并非源于现实能力，而是来自童年时期父母不断贬低的评价。这个阴影被他带入了职场，成了禁锢他个人职业发展的枷锁。

帮助他的方法，并不是“打鸡血”式的鼓励，而是让他亲自去验证，自己确实具备解决问题的能力。我们从他最熟悉、最擅长的小项目入手，一步步建立信心。随着每一次小小的成功，他心中的那头“固有观念”的野兽，也被驯服了几分。

我始终认为，打破固有观念的关键，不在于空洞的否定，而在于行动中的验证。当一个人能亲身体验到“我能行”，再顽固的观念也会动摇。

当然，自卑感的根除并不容易。不过适度的自卑，反而是鞭策个人成长的动力。关键在于，将自卑感导向积极行动，而非逃避现实。如果一个人总是将自己看得过重，害怕被人否定、害怕失败，他自然会将自己封闭在狭小的安全区内，与美好生活渐行渐远。

我还记得那位反复换工作的销售员，他在每一次换岗时都会陷入焦虑，甚至抑郁。然而，若让他在原岗位上，他却能表现得相对稳定。这并不是因为他能力不足，而是源于他对新环境的过度恐惧，他始终担心自己无法被接纳，害怕再次面对“我不行”的评价。通过交谈，我发现他在小时候，习惯性地用示弱来博取关注。每当感到威胁，他就通过表现出“我很可怜”“我很痛苦”的方式，来换取家人的同情与让步。这个模式被固化后，他长大成人，依然试图用示弱来换取庇护，但现实世界并不同于家庭环境，这样的方法再也行不通。于是，他在面对陌生环境时，只剩下逃避与退缩。如果他无法正视这个问题的话，仅仅靠换工作、换环境，是无法真改善自己的生活的。

打造美好生活，必须让人看清自己的错误观念，并通过行动去修正，这既包括对自己能力的重新认知，也包括对社会关系的重新定义。

我还曾遇到过一个男人，他对所有人都抱有强烈的敌意。他认为与人交往毫无意义，不值得自己浪费时间。他用优越感筑起自我保护的高墙，实则不过是掩饰内心的脆弱与自卑。真正的问题在于，他缺乏“为他人做出贡献”的体验，从未感受过“被需要”的价值感。改变他的过程，并不是让他去强行融入人群，而是从最小的善意开始。哪怕是一次简单的帮助他人，哪怕是一次微不足道的合作体验，都能让他逐渐意识到，人只有在与他人建立联结以后，才能获得更深层次的满足感与幸福感。健康的生活习惯，从来不是“自己过得好”那么简单，而是“在与他人的关系中，找到自我的价值”。

这也是我始终强调的美好生活的两大核心，勇敢面对挑战和愿意为社会贡献力量，两者缺一不可。

我还记得，有一次，我问一位性格孤僻、与世隔绝的病人："你认为美好生活是什么？"他低声回答："没有人打扰我，自己一个人，安安静静。"可我反问他："当你得到了这种生活，你真的感到满足了吗？"他沉默了很久，最终苦笑着摇了摇头。

美好生活，从来不是逃避现实的避风港，而是在现实世界中，通过行动、通过联结，去实现自我价值的过程。

打造美好生活，不是要这个人成为一个完美的人，也不是要他与所有人都亲密无间，而是需要让他找到那个"愿意为之付出努力"的方向，让他成为对他人、对社会有益的人。在这个过程中，这个人会发现，自卑感被转化成了进步的动力，恐惧感被稀释在了行动的成就感中，那些曾经困扰自己、折磨自己的精神内耗，也随之消散。

当一个人不再问"我能得到什么"，而是开始问"我能为他人做什么"时，美好生活的门，便已经打开了。

不内耗小锦囊

◆ **为什么有些人明知道“换工作”“换环境”治标不治本，却还是一再逃避？**

因为他们被固有观念束缚，把“问题出在自己”误解成“我天生不行”，却从未通过行动去验证“我可以行”。你不是做不到，而是一直没敢开始。

◆ **阿德勒提醒你：**

美好生活，从来不是逃避来的

只有在行动中，在与他人的联结中，才能发现“被需要”的价值感。打破固有观念的唯一方法，是亲自去试，去做，去体验。

反内耗行动清单：

√ 设定一个小目标，从自己最擅长、最有把握的领域开始行动。

√ 与人合作一次，不求成功，只求体验“被需要”的过程。

√ 主动帮助身边的人，从细小的善意开始积累正向反馈。

√ 记录每一次小小的进步，让“我能行”的证据取代“我不行”的假设。

√ 明白“完美”是陷阱，“愿意开始”才是真正的勇敢。

记住这句话：

美好生活，不是活成别人期待的样子，而是你愿意为了有意义的事，一次次去尝试。

结语：我们是自己人生的掌舵人

至此，我想我们已经一同走到了这本书的尾声。但我深知，关于心灵的探索之旅才刚刚开始。我们揭开了个体心理发展的层层迷雾，洞察了自卑、优越、内耗与自我超越的真相。

如今，你也许会问我："我的命运，真的能够改变吗？"我告诉你：遗传固然设定了某些限制，环境也能左右我们的起点，但除了你自己，谁也无法决定你的终点。"

一个人的发展，从来不是一条笔直的轨道，而是无数次选择与行动交错而成的蜿蜒之路。

是的，你有能力，跳出过去的枷锁，夺回自己人生的舵盘。但前提是，你要把人生看作一场主动的冒险，而不是被动的漂流。

在这场冒险中，没有人能代替你承担后果，也没有人能替你做出选择。你必须学会倾听内心的声音，洞察那些推动你前行的内在力量。只有这样，你才能真正成为自己命运的掌舵人。

命运如海，辽阔壮丽，却也暗藏险滩。如果你随波逐流，只会在迷雾中失去方向，被暗礁击碎。如果你敢于掌舵、勇于面对风暴，每一次考验，反倒会成为锤炼你的利器。

人生从不畏惧挑战，怕的，是你放弃了前行。那些艰难时刻，恰恰是心灵成长的养料。

不要害怕处境不如意，不要害怕未知、不确定与失败，更不要让那些来自童年的旧有生活风格，继续误导你。

我始终强调："内耗的本质，是自我封闭与回避责任。"

只有行动，才能打破内耗的牢笼。只有直面现实，才能唤醒你的内在驱动力。

如果你一边向往改变，一边又恐惧迈出第一步；如果你总在自怜与自责中打转，等待被生活逼到绝境才被动反抗，那么，请从此刻开始，审视你被固化的生活态度，去修正那些阻碍你成长的惯性思维。

不要幻想一夜之间涅槃重生。自我超越，是一场与自我较量的持久战。每一天的自我反省，是你看清方向的灯塔；每一次的自我激励，是你穿越风暴的动力；每一次的自我调节，是你守护心灵平衡的舵柄。

这些能力，非天赋使然，而是后天养成。你要明白，童年的经历，或许塑造了你，但它并不能定义你。你活在当下，你的选择，才是真正决定你未来的关键。

此刻，我们虽已走完书中的篇章，但真正的人生旅程才刚刚展开。

书中的理论，是你的指南，现实中的每一次尝试，才是你真正的修炼。这条路，需要勇气，需要方法，更需要坚持，三者缺一，你的人生航船便难以远航。

但请你相信——

成长，是一场永不停歇的旅程。每一天，都是新的起点。

每一天，都是成为更好自己的机会。

别再犹豫，别再等待。从今天起，用自己的双手，去掌舵、去前行、去创造！

你，才是自己人生的掌舵人。

无论风浪如何，愿你始终坚定地握紧方向盘，驶向属于你的辽阔人生。

附录：自我超越的六个实践锦囊

亲爱的读者，我很高兴，在这段关于个体心理学的旅途中，与你结伴同行。我们探讨了自卑与优越、内耗与超越，也看清了生活风格如何影响命运。但书页终有尽时，人生却不会因为合上书本而暂停。于是，我愿在结尾，送你六个小锦囊，助你将书中的思考，落地为生活中的行动。

锦囊一：接纳自己的不完美

“没有人是完美的，但每个人都可以成为更好的自己。”

不要因缺点自怨自艾，也不要因优点自满。用客观的眼光看待自我，承认那些不擅长的领域，同时用行动去弥补，而非用内耗去折磨。

成长，始于接纳；接纳，是通往自我超越的第一步。

锦囊二：主动建立“联结感”

“人生的价值，在于与他人的联结。”

孤立无援的人，难以实现自我超越，主动向人靠近，去求助、去合作、去付出。真正强大的人，懂得在“为他人服务”中找到自身的意义。

请思考“我能为谁做些什么”，这比“我能得到什么”重要一百倍。

锦囊三：培养每日自我反省的习惯

“未经反思的生活，容易滑向无意义的重复。”

每天花十分钟，回顾自己的想法与行动，问自己：“今天的我，有没有比昨天更靠近想要成为的样子？”“我做的事，是出于勇气，还是逃避？”

只有看清自己，才能不被无意识的惯性支配。

锦囊四：注意情绪调节，学会感恩

“情绪，是我们对世界的反应，而非世界本身。”

生活不会总如人意，但你可以选择如何回应，当情绪低落时，试着做一次深呼吸，感受当下。

每天记录三件值得感激的小事，让注意力从缺失转向拥有。你会发现，幸福感并不遥远。

锦囊五：以贡献感为核心设定目标

“目标不是逃避痛苦的借口，而是行动的方向。”

SMART（Specific 明确的，Measurable 可测量的，Achievable 可达成的，Relevant 相关的，Time-bound 时限的）目标固然重要，但比 SMART 更重要的，是目标背后的动机。

经常问问自己：“这个目标，是否能让我为他人、为社会做出哪怕微小的贡献？”只有与共同体联结的目标，才能带来持续的动力，避免在自我消耗中迷失。

锦囊六：成为终身成长者

“人的一生，都在学习如何成为自己。”

不要害怕学习，更不要拒绝成长，无论年龄几何，保持好奇、持续进步，都是对生命的最好回应。

每周学一件新事物，读一本不一样的书，和一个陌生人交谈……这些微小的积累，会在不知不觉中，带你走向更广阔的世界。

这六个锦囊，不是幸运符，更像是行动手册。真正能改变命运的，从来不是一时的顿悟，而是每日的践行。

愿你带着自我超越的勇气，去书写属于自己的、不内耗的人生。